ピカソを超える者は

評伝　鈴木忠義と景観工学の誕生

素山・篠原　修　著

技報堂出版

まえがき

今日、景観という分野は、それなりの存在感をもって土木、都市計画、造園の各界に一派を成している。教育、研究の領域では、全てとはいえぬにしても、数多くの大学、高専で講義や設計演習が行われ、土木学会には常設の景観・デザイン委員会が設置されている。一方、社会的実践においても、昭和五十年代の中村良夫による広島・太田川の整備を皮切りに、現在では橋梁、道路・街路、河川・運河、ダム、海岸・港湾、鉄道の駅舎・駅前広場等の多岐にわたる分野、つまり土木や都市が担い、係るほとんどの分野において、景観を出自とするエンジニア、プランナーが活発なデザイン活動を展開している。

元より明治維新から始まった我国の近代土木に、景観工学という分野が存在していたわけではない。景観工学は昭和三十年代に一人の希有な教育・研究者にして実践家でもある鈴木忠義によって始められた分野である。本書では、この景観工学誕生に至る軌跡を、創始者である鈴木忠義の思想、行動とともに描き出そうとする。

したがって本書は、父母兄弟、家庭を含む鈴木忠義の半生を記述しようとするものではなく、景観工学という分野を鈴木忠義がどう創設したかを記述しようとする。鈴木忠義によって始められた分野は実は景観に留まらない。鈴木によれば観光が第一の分野であり、それが鈴木の思想の核をなす。景観はその手段として第二に位置づけられている。また、昭和四十年代以降、鈴木の関心は計画の哲学（土木計画学）にも向けられ、これが第三の柱となっている。したがって鈴木の新しさ、ユニークさの全容を描き出そうとするなら、観光と計画の哲学の分野にも触れなければならない。これは景観を専門とする筆者の手には余る。本書では記述が景観中心となることを容赦いただきたい。

また、記述に当たっては可能な限り情実を排して淡々と書くことを心掛けたため、恩師、先輩、同僚に対しても敬称を用いることをしなかった。この点に関しても了とされたい。

最後に、筆者の教え子、中井祐の忠告に従って、鈴木と筆者との関係について触れておく。それがないと、どのような人間が、どのような立場から書いているのか分からない、つまり、どう読んだらよいのか戸惑うというのである。筆者が昭和四十二（一九六七）年四月、東大土木の交通研に所属した時には、鈴木は既に東大都市工から東工大に去っていた。したがって、筆者は鈴木に論文の指導をしてもらったこともなく、講義を聴講したこともない。卒論、修論の名目上の指導教官は教授、八十島義之助であり、景観研究の指導教官は助手、中村良夫であった。したがって、正式にいえば、鈴木は世に言う恩師には当たらない。

勤めた会社が潰れた後、筆者は鈴木を頼って東工大社工に机を置き、浪人、研究生として一年三ヶ月食わせてもらう。東大林学科助手の後、建設省土木研究所に世話してもらったのも鈴木である。鈴木の景観研究上の弟子は、中村良夫、村田隆裕、樋口忠彦である。いずれも直接に教えを乞うている。筆者は（大学に戻ったから、結果的に）鈴木の四番目の弟子に当たる。ただし、鈴木にとっては想定外の番外の弟子である。

目次

一章　川向こうの町

鈴木忠義は大正十三(一九二四)年九月二十日、父伝吉、母チヨの五男として向島に生まれた。本人の弁によると、兄が四人、姉が二人、弟が一人の八人兄弟の下から二番目ということになる。従来からの鈴木忠義に関する記録ではその全てが浅草生まれとなっているが、それは誤りである(たとえば、鈴木忠義先生の古稀を祝う」一九九五)。もっとも家はもともと浅草にあったのだが、大正十二年九月一日の関東大震災の後に向島の地に移って来たのである。父伝吉は「東京人」だったが、母チヨが向島の人だった縁でそうなったのだという。

家は鉄工場を経営していて、石川島播磨重工業(現I. H. I.)の下請けから出発していた。「鍛冶屋のオヤジだよ」と鈴木は言う。菩提寺はこれも浅草にあって助六寺と言われた易行院で、この寺も震災を期に竹の塚に移っている。関東大震災は死者行方不明者十万人以上の大災害であったと同時に、東京の人口を大移動させた災害でもあった。浅草、下谷、神田、本所、深川などの下町の区(いずれも旧十五区の名称)の住民は密集居住を恐れて、現二十三区の中野、練馬、杉並などの山手線西側へ大挙して移動した。もちろん東の千葉方面へ移動する人々も多く、鈴木鉄工所も川向こうの向島へ移動したというわけなのだろう。

鈴木が父伝吉を指して東京人、母チヨを向島という言い方は、戦後になって曖昧になってしまった東京の地理感覚を正しく伝える呼称である。もちろん向島とて明治以降は立派に東京市の一部をなすのだが、江戸の感覚で言えば向島は隅田川の東の、つまり川向こうで元来の東京ではないという感覚なのである。この向島の鉄工場の地は現代の地番でいえば、墨田区立花六丁目、至近の駅は東武亀戸線東吾妻である。中川の西岸に位置する低地である。

筆者はこの向島にあった鈴木の実家を二度訪れている。初回は鈴木の母チヨの葬儀の折で、昭和六十年代前半（一九八〇年代）の頃だった。何故時期を特定できるかというと、鈴木に花輪を出してくれと頼まれたからで、何故鈴木が筆者に花輪を頼んだかというと、当時の筆者の肩書きの花輪が欲しかったからである。東京大学農学部助教授という肩書きの花輪が。隣近所の目がうるさい下町（正確に言えば向島は江戸時代以来の下町ではない。この点については先に述べた。では何なのかということについては後に述べる）では、それが親孝行の一つの証なのである。建設行政の中枢を担う土木出身でありながら、むしろ鈴木本人は反骨の人だから、それは自分のための花輪ではなかった。それは母親と鈴木家のための花輪なのだった。

二度目の訪問は平成十八（二〇〇六）年七月である。この評伝を書こうと思い立ったのが平成十八年三月の東大定年を前にしての十七年秋、その取材のための訪問だった。容易に分かるはずだと高をくくっていた鈴木の実家は結局見つけることができなかった。盛土をした大きな工場は、見つからなかった。今はもう〆《しめ》たという鈴木の言に注意深く反応するべきだったのだ。工場をやめ一介の仕舞屋《しもたや》になってしまった家は区別がつかない。

初回の訪問の折にはすぐそれと分かった。もちろん告別式だったからということもあるが、敷地、家作ともに大きく、何よりも目立ったのは周囲の地面からひときわ高く土盛されていることだった。浸水から家と工場を守るためである。

なかなか鈴木忠義の話にならない、と先を急ぎたい気持ちは分かるが、もう少々立花六丁目という土地とお付き合いを願いたい。鈴木の人格形成にとってこの土地の風景、雰囲気は一つの鍵を握っていると思うからだ。

この高い盛土は、鈴木の弁によれば、地下鉄銀座線の掘削で出た土を運んできて、六尺(約一・八メートル)盛り上げたのだと言う。鈴木が生まれる前の話だから、親父さんから聞かされたのだろう。我国初の地下鉄銀座線の上野・浅草間開業は昭和二年だから、話の平仄は合う。どうやって地下鉄の土をもらったのか、あるいは買ったのか、それは分からないが、それ相応のコネか顔がなければできないことであろう。また、それなりの資金がなければ六尺も土を盛ることはできまい。鈴木鉄工所にはその財力があったのだろう。つまり鈴木は立花の工場大尽のお坊ちゃんだったのだ、

二回目の立花歩きで目測すると、六丁目の土地は中川の堤防より2、3メートルは低い。そしてその堤防の傍らには内水排除のための排水機場がある。この排水ポンプの運転は父、伝吉にまかされていたと鈴木は言う。伝吉はつまり、この立花一帯の町内を仕切る顔役でもあったのだろう。鈴木が父親のことを語ったのは聞いたことがないが、鈴木語録(注一)の中に「親方の仕事は、仕事をつくることなんだよ」という言がある。父、伝吉は鉄工場を切り盛りする親方であり、町内の顔役でもあった。だから先に大尽の坊ちゃんとは書いたが、殿様のように何もしなくとも、また地主のように働かなくとも金が入ってくる家ではなかった。自らの腕でかせぐ、またどうやったら職人達を食わせられるか、鈴木の組織に頼

らない自立心、親分肌の性格は、この家庭環境にルーツがあるのだと思う。

一方の母チヨには生前に一度だけお目にかかったことがある。鈴木が仕事のホームグラウンド（注二）にしていた草津（温泉）のホテルだった。八人の子供を育て、鉄工場の職人達を相手に食事の切り廻しをしていたとは思えない、小柄で上品なお婆さんだった。端目にもすぐ分かる程の気の使いようだった。鈴木は母親を大切にしていた。よく聞かされたのは「お袋は手の混んだものは作らなかったが、必ず旬のものを出してくれた」という言葉だった。その代表がラッキョウだったのだろう。鈴木のラッキョウ好きは有名である。八人もの子供と工場の職人を相手にしていれば、手の混んだものなどを作ることは不可能である。

そして母以上に鈴木をかわいがっていたのはそのどちらかは分からないが二人いた姉だったのではないかと思う。それに関する千葉大出身の造園系の弟子、松崎喬の証言がある（注三）。実は鈴木は叙勲している。これは松崎に最近になって知らされた事実である。松崎の証言によれば鈴木は固辞することなく勲三等を受けたと言う。先生も妙なものをもらうなと思いながらも、つまり教え子は皆鈴木が権力、権威嫌いで反骨精神旺盛ということを知っているから「妙なものをもらう」と思ったのだ。お祝いをしようとする弟子達がいて、先生に相談したのだと言う。それに対する鈴木の答え、「下町は五月蝿いんだよ。（父が早くなくなった故に）やくざな弟を育てた姉さんに対するせめてもの恩返しなんだよ。勲章でももらわないと姉さんの肩身が狭いんだ。頼むから騒がないでくれよ」。これでお祝いの会は流れた。鈴木はここでも自分のためにではなく、姉さんのために勲章を受けたのだった。葬式の時の花輪と同じように。もっとも花輪と勲章では格が違うが。

下町的な付き合い、大家族における姉と弟の関係がよく分かるエピソードではある。

鈴木の実家を探し当てることができなかったと書いた。しかしそのお蔭で立花の町をウロウロと歩き廻り、ここがどんな所だったのか、その雰囲気はつかめたような気がした。立花は要約して言えば住工混在の町である。いまでも鉄工場は数多く、住宅の間に工場があり、工場のすき間に住宅がある。道は狭く、歩道はない。したがって道に並木はない。樹があるのは小、中学校に限られる。鈴木が弘前に去るまで、遊び、学び、暮した大正末から戦中に至るまでも立花も町のたたずまいは今とさほど変わらなかったのではないか。

昭和十八(一九四三)年四月、鈴木は旧制弘前高校に入学する。弘前に行って驚いたのは家の屋根より高い樹があることだった。これが本当の町だと鈴木は思ったと言う。ずっと後のことになるが、鈴木は渡辺正子と結婚し、津田沼駅の北にある公団の前原団地に入居する。しかし程なくそこを引き払って本郷に行き、次に妻の実家である井の頭線の池ノ上駅に近い地に移る。鈴木は池ノ上に行って「地球の裏側に来たよ」と思ったと言う。池ノ上は世田谷区の、つまり山の手の高級住宅地である。もちろん、緑は多い。「どっちがいいって、そりゃあ池ノ上の方に決まってるよ」。

下町出身者によくあるような、下町への妙なこだわりは鈴木にはない。もちろん生まれ育った土地への郷愁はあるにしても。

人は鈴木を下町育ちだと言う。大ざっぱにいえばそれは正しい。しかし鈴木の人格形成に照らしていえば、それはいかにも粗雑な見方である。江戸に遡れば下町とは日本橋界隈と神田辺りを指した。日本橋は商家の旦那衆の、神田は大工や鍛冶など職人達の町だった。江戸が発展するにつれ、川向こうの本所や深川も下町になっていった。しかし同じ川向こうでも向島の辺りは田圃だった。下町に対応するのが山の手で、当初は文字通りに低地の下町に対する台地の上の土地を意味した。麹町台地，赤坂台地などである。ここには武士が住み、そこの間に申し訳のように町人が住んでいた。谷筋の低地がその町人達の町だった。明治になるとこの山の手には官員が住むようになり、人口の増加とともに畑だった中野、杉並、世田谷などが山の手の仲間入りをする。また下町も南千住、亀有などに拡大する。その経緯はともかくとして、下町とは裕福な商家の旦那の町あるいは、日銭で暮す職人の町のいずれかを指す。この定義からすれば、鈴木が生まれ育った向島はそのいずれでもない。江戸の鍛冶屋の伝統を継いでいるとはいえ、川向こうの新開地、工場の町に外ならない。むしろ大田区の町工場の町と同列に考えた方がよい。商売を番頭にまかせて茶の湯、骨董を楽しむ文化人ではなく、また粋で威勢はよいが計画性を持たない職人でもない。職人にして経営者でもある現場エンジニアの伜、それが鈴木なのである。ここを見誤ると、鈴木の現場第一主義、意図せぬ人育ての巧みさ、意外な程の計画性が理解できなくなる。

注

一　文献（一）参照

二　群馬県草津町の老舗旅館大阪屋（中沢氏一族）に要請されて取り組んだ、観光開発、社会開発の仕事。鈴木は学生を引き連れてたびたび草津に滞在していた。町の中心、湯畑の整備は鈴木の構想、計画による。

三　昭和三九年、千葉大学造園学科卒。道路公団の植栽計画の仕事を専らとした。本人の弁によれば、鈴木の（屋台の）ラーメン大学の弟子なのだという。

二章　東向島の青春

昭和六（一九三一）年四月、鈴木は第一吾妻小学校に入学する。この昭和六年という年は満州事変の年である。以降大日本帝国は十五年戦争に突入し、鈴木の昭和二十（一九四五）年四月の東京帝国大学第二工学部入学の年の八月十五日にまで続くことになる。鈴木の少年時代、青春時代は戦時の少年、青年であった。「小学校の時に満州事変が始まって、大学一年生の時に終戦ですからね。その後も五、六年は食うや食わずだからね。そのおかげで我が青春は真っ暗だったもの。ホントに戦争というのは絶対に止めてもらいたいよ」と鈴木は語っている。

第一吾妻小学校は、鈴木の家のあった立花六丁目とは東武亀戸線を挟んで反対側の立花一丁目にある。筆者が実家探しに出かけた平成十八（二〇〇六）年七月には祝創立百十五周年の垂れ幕が架かっていた。したがって創立は一八九一年、明治二十四年ということになる。由緒のある学校に入ったわけだ。そのまま卒業していれば鈴木は四十五期か六期の卒業生ということになったのだろう。由緒に似合わず校舎は何の変哲もない鉄筋コンクリート造だった。この辺が日本の悲しいところである。

筆者が通った川崎市立中原小学校の木造の校舎も今はなく、中高を過ごした教育大（現、筑波大）付属駒場中学・高校の、騎兵連隊が入っていたという木造校舎も今はない。訪れても母校だという実感は薄い。思い出がしみついている教室の床、階段、窓などが消えれば、思い出も消えてしまうのである。

鈴木はもちろん歩いて通ったはずである。兄四人姉二人の下だったから、通うことになる学校の情報は十分だったはずで、何の不安もなかったと思う。家を出て南西に向かい、東武線の踏切を東吾妻駅の脇で渡る通学路だったに違いない。しかし鈴木は昭和十一（一九三六）年一月に中川小学校に転校する。五年生だった。線路の東側に中川小学校が出来て、立花六丁目の児童はそちらにということになっただろうと思う。距離はそう違わないから学区の再編によると考えるのが妥当だろう。この中川小学校は実家の北西に当たり、中川に程近い。五年生鈴木忠義が何を感じたか、それは分からないが、田舎に来たと思ったのではないか、第一吾妻小は駅至近の町中にあったから、中川に近い中川小はさみしいと感じたはずである。小五でもこれ位のことは分かる。因みに中川小学校の校舎も、これまた何の変哲もない鉄筋コンクリート造だった。

鈴木が転校したこの年昭和十一年は二・二六事件の年であり、日支事変が始まった時でもあった。しかし、その思い出を鈴木の口から聞いたことはない。

昭和十二（一九三七）年三月、中川小学校卒業、同年四月府立第七中学校入学。これは現在の墨田川高校である。鈴木の弁によると、小学同級生のうち、旧制中学に進学したのは二人だけだったという。これは戦前という点を割り引いても異様に少ない。土地柄を示す数字だろう。官員を含めてサラリーマンの多い山の手では考えられないし、商家の下町にしても考え難い。やはり町工場の町ということだったのだろう。鈴木はまぎれもない地元のエリートだった。

筆者は鈴木が旧制三中だとばかり思い込んでいて、この評伝の執筆を思い立たねば永久にこの誤解は誤解のままに終わっていたかも知れない。川向こうの亀戸育ちの土木の後輩木村洋行（昭和四十五年卒）が両国高校で、つまり旧制三中だったから、川向こうのあの辺りのエリートは皆三中という思い込みだったのだ。旧制一中の日比谷こそかつての勢いはないが、旧制四中、五中の戸山、小石川も未だに進学校である。現在の時点で振り返ってみても、明治政府のバランス感覚には驚嘆すべき点がある。何を言いたいのかというと、軍隊や高等教育機関の配置を言いたいのである。軍隊はさておいて学校の配置を思い出してみると、旧制高等学校では、一高が東京、二高が仙台、以下三高・京都、四《し》高・金沢、五高・熊本、六高・岡山、七高・鹿児島、八高・名古屋という具合である。北海道は明治以前は日本ではなかったから仕方がなかったとしても、四国にないのがやや片手落ちの、しかしバランスの良い配置となっていることが分かる。このバランス感覚は東京府の旧制中学の配置にも通底する。一中は麹町区、三中は川向こうの両国区、四、五は前述の牛込、小石川区、では二中はというと。これが繊維産業で力を持っていた府下の立川に置かれているのである。現立川高校。六中が新宿で、七中が鈴木の墨田川となる。

　旧制七中（現、墨田川高校）はどこにあるのか。正直のところ見当もつかなかった。失礼ながら墨田川高校という存在自体を知らなかった。筆者の受験時代、昭和三十年代後半には墨田川高校はすでに有名進学校ではなかったからである。都市地図で探すことしばし、それは驚くことに玉ノ井駅（現東向島駅）の西南、駅至近の所にあった。これには驚いた。色気とは無縁な鈴木の中学が、かの荷風先生が一時期足繁く通っていた玉ノ井にあったとは。

　どうやって旧制七中に通っていたのですかという筆者の問い（ファックス）に対する鈴木の答え。「東あづま〜曳舟」。鈴木は東武鉄道亀戸線の東吾嬬駅から乗り、小村井駅を経て次の曳舟駅で降りていたのである。ほんの五分も乗っていただろうか。自宅から東吾嬬、曳舟から中学への徒歩を加えても三十分はかかるまい。鈴木の通勤観、居住地選びの基準はここに原点があるのだと思う。七中卒業後の旧制弘前高校（現弘前大学）では、北溟寮《ほくめい》から教室へは徒歩、西千葉にあった第二工学部は遠かったにしても、総武線の平井駅から西千葉駅へは十四駅、時間にしても四十分程だろうか。

鈴木は新婚の一時期の公団前原団地を唯一の例外として、必ず職場に近い所に居を構えている。東大の土木、都市工時代には本郷西片のマンション、東急大井町線の緑ヶ丘にある東工大の土木、社工時代には前述の池ノ上、東工大退官後の勤務先、東京農大は運良く池ノ上に近い小田急の経堂駅という具合に。「だって時間がもったいないじゃないか」と鈴木は言う。「通勤手当を（会社が）出すから都市がスプロールするんだよ」というのもよく聞かされた言葉である。観念的な都市論の愚を一息で吹き飛ばす、一面の心理を突いた言と言えよう。

今は高架になっている東向島の駅を降りると、そこは下町だった。いや下町と言ってはいけない。三業地の匂いのただよう密集市街地だった。地図を片手に墨田川高校を探す。実家を探した時と同様、なかなか高校に巡り当たらない。ウロウロとしている内に国道六号線（旧水戸街道）に出てしまった。仕方がない、人に道を聞く。やっと辿りついた墨田川高校は狭い敷地にギュウ詰めに建っていた。脇のグラウンドも狭く、金網に囲まれていた。夏休みの時期なのだが先生に出会った。道を挟んでの校舎グラウンドも拡張した部分なのだと聞く。校舎に出入りする生徒は女子ばかりだった。女子の比率が高いのだろう。校舎はやはり何の変哲もない鉄筋コンクリート造り。ただし正面には「七中」の校章が掲げられている。

この校章に向き合うように校舎の向かいには、真言宗智山派、清瀧山蓮花寺が建っている。この寺は校舎と違い、鈴木が七中に通っていた頃と同じではないか。寺に詣でてその辺をブラブラすることにした。

ややあって校舎の北に廻り込むと、そこは驚いたことに向島百花園（注一）だった。後年、景観工学を創始することになる、その鈴木から百花園の名を聞いたことがないのは不思議と言えば不思議である。百花園には入らず、もう少しブラブラと町を歩くことにする。小道の傍に小さな小さな公園があり、立て札によると、ここがかの露伴の蝸牛庵跡であるという。露伴は特に好きというわけでもないが、こんな所、つまり有り体にいうと、こんな田舎に住んでいたのか、という感慨はある。この庵跡も鈴木の話題に出たことはない。松崎喬の弁によれば、鈴木は人に過去の話はしない人だから、百花園も七中も蝸牛庵も出てこなくて不思議はないのかも知れない。それにしても、そして如何に戦時下であったとはいえ、鈴木が東向島で過ごした十二歳から十八歳の日々は、青春そのものだったはずである。通学途上に玉ノ井のお姉さん達に声位は掛けられたのではないか。あるいは亀戸線の中でも、それらしいことは何もなかったのだろうか。

昭和十七（一九四二）年三月、既に傾きかかっていた大東亜戦争の中、鈴木は旧制府立七中を卒業する。

注

一　明和三（一七六六）年、佐藤鞠塢が文人大田南畝らの支援で梅林を経営したのが始まりとされる。春の七草、月見、虫聞など文人趣味の庭園。

三章　弘前へ

鈴木はしかし受験に失敗し、一浪することになる。この手の話は年上、先輩には聞きづらい。ましてや鈴木は筆者の恩師である。しかし、聞かないわけにはいかない。聞き難いことを、前述のファックスの中で聞くことにした。「浪人中は自宅にいたのだと思いますが、現役の時はどこを受けたのですか」。鈴木からの返答には質問文の上に丸囲いがされていて、「自宅」には「自宅と七中の補習科で受験勉強」、「現役の時」には丸囲いはなく、「浦和高校」と右上にあった。

ナンバースクールと呼ばれた一高から八高に続いて各地に地名を冠した旧制高校が設置される。最初の増設は新潟、松本、山口、松山の四校だった。浦和はさらにその後の増設組である。

東京在住者が普通に考えるのは、まず一高であろう。芥川龍之介は一高だった。もちろん成績が良ければという前提での話である。もう少し範囲を広げれば、埼玉の浦和、茨城の水戸、辺りが視野に入ってくる。私学なら成蹊という手もある（遠すぎるが）。今御三家と呼ばれる開成、麻布、武蔵などの私学がのしてくるのは昭和五十年代に都の教育長小尾乕雄が、学校群制度（注一）を導入して都立の名門校つぶしを図って以来のことである。ちなみに鈴木の景観の一番弟子、中村良夫も日比谷高校（一高）である。

向島の七中という地理で考えれば、一高の次なら浦和という選択は極く自然なものだったろう。

自宅と補習科での一浪の後、鈴木は弘前高校理科甲類に入学する。昭和十八（一九四三）年四月のことだった。鈴木が何故弘前の「理科」を選んだのか、それはそこまで突っ込んで聞いていないので分からない。しかし類推することはできる。まず鈴木の家が鉄工場だったこと、職人も技術者も大きく分類すれば文系ではなく、理系だろう。第二に鈴木自身の得手不得手があったのではないか。鈴木の学業簿を見たわけではないから、全くの印象の域を出ないが、鈴木は文系の科目が苦手だったのではないか、と思う。こういう印象を持つのは筆者のみではない。鈴木の後輩に当たる、測量学、国土計画の泰斗、中村英夫（昭和三十三年卒）は時折鈴木を揶揄してこう言う。「忠さん（鈴木の愛称）は国語が『丙』だったんじゃないか」。成績の甲、乙、丙、丁（落第）の丙である。

たしかに鈴木の話は奇知に富み、たとえも巧みで聞き手をぐいぐいと魅きつける。大学人の本職である教育、講義も、むしろ好んでいたのではないかと思う。これは講義するのが嫌な筆者の観察である。これに対して文章を書くのは余り好みではないようにみえる。若い時には旺盛に著作物を出版してはいるが。同じく景観を専門とする弟子の中村良夫の著述好き、講演嫌いとは好対照をなす。

そして考えられる第三の理由、これが恐らく最大のものだったろう。理科は徴兵され難い。鈴木は座談会の中でこう語っている。「ぼやぼやしていると、しっぱられ（兵隊に引っぱられ）ちゃうからさ」。鈴木が弘前に入学した昭和十八年は、大東亜戦争まっただ中の時期である。そして鈴木は徴兵検査の二十歳を眼の前にしていた。

この鈴木のように戦中、つまり日支事変（昭和十一年）以後の戦前に青春を迎えた男達の中には、徴兵を嫌って理科を選択する者も多かったという。後に戦後の土木系の都市計画のボスになる井上孝（東大土木、昭和十八年卒）もそうだったと弟子の黒川洸（昭和三十九年土木卒）は証言する。ただし、井上は結局海軍に引っぱられて、キスカ島から命からがら逃げ帰ることになる。こう書いてきて思い当たるのだが、筆者の交通研の恩師、故八十島義之助が理科の土木を選んだのも、これが大きかったのかも知れない（昭和十四年四月東京帝国大学入学、十六年十二月卒。旧制高校入学は十一年ということになる）。聞いておくべきだったと今思う。

この徴兵を嫌っての理科選択は、次のような効果を生み出したはずである。つまり本来は文学や地理、歴史が好みだった人物が理科に入る。それらの人物はやはり純理系の機械や電気、化学等にはなじめず、建築や土木に流れていったのではないか。そしてこのような文系好みの理系出身者が、純理系だった古典土木、古典建築に飽き足らずに新しい分野を開拓したのではなかったのかと。土木系に限って言えば、交通計画の井上孝、八十島義之助、鈴木忠義がこれに該当する。また徴兵忌避ではないが、景観の中村良夫、筆者もこの文系好みの理系の系統に当てはまる。

この仮説は、現代の理系と文系の狭間にある建築と土木の計画系、さらに言えば、東大の都市工、東工大の社工への学生の志望動機にも顕著に現れている。彼らは中・高時代に数学や物理はできたが、文学も好きだった。あるいは理系向きなのだが機械や電気はどうもと、口々に言うのである。筆者はまさにそのような学生であり、中村良夫は日比谷高校時代、高木貞二の「解析概論」とフランス語に凝っていたと語る。文系と理系の狭間、良く言えば文系と理系が融合している所、それが前記の分野、学科なのだろうと思う。

さて、いずれの動機が強かったにせよ、鈴木は弘前高校の理科甲類に入学した。入ってみると驚いたことに同級生四十人の内地元出身者は一人だったという。ほとんどが徴兵を嫌っての、安全狙いの東京組だったのだ。映画監督の鈴木清順（同期）も、その弟の元ＮＨＫアナウンサー、鈴木健二（二年下）も同じだった。地元の若者にはいい迷惑だったろう。

鈴木は弘前時代について多くは語らない。旧制高校出身者の多くが熱を込めて我が青春を語るのとは好対照である。これは戦時下であったことが大きい。通常の三年間が二年に短縮され、その短縮された二年間も大半が勤労動員に費やされていた。共に学び、共に高歌放吟し、酒を飲んで語り明かすという、伝統的な旧制高校の寮生活は望むべくもなかったのである。学生が勤労動員にかり出される先は、軍需工場や防空工事と相場は決まっていたが、弘前では食糧生産のための農地だった。弘前は防空の必要性は薄く、軍需工場もなかった。「食うには困らなかった」と、鈴木は言う。特に名物のリンゴは余っていた。輸送がダメで、余っていたのだ。国光、紅玉など極めて安く、塩をかけて食べたという。「食べ過ぎて腹をこわしたよ」ともいう。

弘前時代

農家に動員されても、「どうせ学生さんには何もできないから」とお客さん扱いだったと鈴木は語る。弘前は軍隊（第八師団）と学生が大事にされていた町だった。鈴木は北溟寮に入る。旧制高校は全寮制だったから、これは当然のことだった。寮から学校にはどうやって通学していたのか。鈴木によれば校舎とは渡り廊下かで繋がっていて、歩いて、と言う。学校の敷地の中に寮があったのだ。

鈴木に聞かされた弘前時代の思い出は、「どうせ学生さんには」の外には、前述した屋根より高い樹の話と、岩本真理のバイオリンの話しかない。演奏旅行に来弘した岩本が講堂でバイオリンを聴かせた。「ああいうのはよく覚えてますね」。余程印象深かったのだろう。敗色濃厚の戦時に、暗くガランとした講堂、折りたたみ椅子に並ぶ高校生、一人壇上に居るバイオリニスト。そこだけがスポットライトに照らされたようにほのかに明るい。外は雪である。

注

一　高校を三、四校まとめて群をつくり、その群に合格した生徒を群内の高校に割り振るシステム。この制度になって、受験生は志望校（たとえば、日比谷）には入れるかどうか分からなくなり、確実に志望校に入れる私立へ流れることになった。都立の名門校はこの制度により没落する。

四章　第二工学部

(一)

一年繰り上げで弘前高校を卒業した鈴木は、昭和二十(一九四五)年四月、東京帝国大学第二工学部土木工学科に入学する。日本の敗戦はもう見えていたはずである。何故なら大日本帝国の帝都東京はB29による三月九、十日と五月二十三から二十五日の空襲によって灰燼に帰していたのだから。

鈴木が何故夜間のような名称の第二工学部に入学したのか、ここで簡単にでも、第二工学部とは如何なる存在だったのかを解説しておく必要があろう(注一)。第二工学部は戦時非常体制下にあって、軍備増強、軍需工業拡充を目的に、エンジニアの不足を解消するために設けられた。開学は昭和十七年四月、場所は西千葉、海軍の強力な後押しによる。ちなみに予算審議の時期の東大総長、平賀譲は海軍中将(造船)である。第二工学部は、土木、建築、機械、船舶、航空機体、航空原動機、造兵、電気、応用化学、冶金の十学科体制で出発した(敗戦後の二十年には、航空機体、航空原動機、造兵が廃止され、物理工学、内燃機関、精密の三学科設置となる)。

ここで一言言っておくと、第二工学部設置が昭和十七年四月というのは如何にも泥縄の感はまぬがれない。戦争は既に前年の十二月に始まっているのである。予算要求は十六年度予算成立を期して十五年には提出されていた。したがって実現は一年遅れだった。仮に当初要求通りだったとしても開設は十六年四月で、やはり泥縄の評はまぬがれないだろう。

ともあれ、第二工学部の設置により従来からの工学部は第一工学部と改称され、東大には本郷の第一と西千葉の第二の二つの工学部が存在することになった。これが昭和二十三年四月入学、同二十六年三月の卒業生まで続く。第二工学部はわずか九年間の命だった。卒業生は八期まで、二千五百六十二名である（第二工学部の閉学、生産技術研究所への再編は、これまた面白いテーマなのだが、鈴木の経歴には直接関係しないので本書では触れない）。

第一、第二には、土木、機械、電気、応化という具合に、全く同じような学科が併置されたのだ。入学しようとする学生はどう選択したのだろという疑問が湧く。そして大学は教官をどう手当てしたのだろうかということも。学生の募集は一括して行われた。つまり志願者には第一、第二を選択する選択権はなかった。では一括入試後、学生はどう振り分けられたのだろうか。大学は第一と第二の学生の資質を均等とする観点で、公平に分配する方法をとった。その方法の具体的手段は分からない。一番は本郷、二、三番は西千葉、四番が本郷……という具合だったのだろうか。いずれにしろ、第一が上位入学者、第二が下位ということではなかった。

鈴木は第二に振り分けられた。ここに鈴木の運があった、というのは第二の鈴木の一年後輩（入学時では二年後輩）の高橋裕（昭和二十五年卒、後、東大教授、河川工学）の弁である。高橋がこう言うのにはちゃんとした理由があって、それは本郷と西千葉というキャンパスの違いと、教授陣の鮮烈な相違があったからである。そして高橋の言う第一と第二の違いは事実となって後に現れる。

本郷のキャンパスは明治十年東京大学発足以来の地であり、校舎群、安田講堂以下の建物は関東大震災後の帝都復興事業による偉容を誇る。これらの建物は全て鉄骨鉄筋コンクリート造で、表面はスクラッチトタイルで覆われていて、現在は国の重要文化財に指定されている。また、法文棟の背後には金沢前田藩の屋敷だった当時の庭園、心字池（漱石の『三四郎』に因んで今は三四郎池）が残り、都心部とは思えぬ静寂さをたたえている。その伝統と相まって学問の府にふさわしいキャンパスである。鈴木が入学した昭和二十年四月は、現在にもまして、その雰囲気は強かったであろう。

この本郷に対して、西千葉のキャンパスは大慌てで造成した海に程近い、何もないキャンパスだった（敷地は本郷キャンパス以上の四十余万坪。本郷は約十三万坪）。黒松の松林こそあるものの、舗装されていない地面は風に吹かれて砂ぼこりとなって舞い、急造の校舎は鉄筋コンクリート造どころか、なんと木造だった。十七年四月の開学に向けて物資不足の十六年では、致し方のないところだった。片や威風堂々の、片や急造木造のというコントラストが第二の入学生の眼にどう映ったか、それは想像にかたくない。なんでこんな所にと、等しく思ったに違いない。「ひでえところに入っちゃった」というのは、まだ校舎が建設途上だった十七年四月入学、十七年十月入学の第一期、第二期生の共通の思いだった。キャンパス設置は千葉市の熱心な誘致によると言われている。

このキャンパスのコントラストに劣らず教授陣も好対照をなしていた。本郷の教授陣は、大学であるから当然とも言えるが、いわゆるペーパー（論文）を書き、著作を出版する学究肌の研究者がそのほとんどを占めていた。他方の西千葉の方は教師陣も無からの出発である。教授をどう手当てしたのか、それは学科により相違があったようだ。

第二工学部初代の学部長、瀬藤象二の所属する電気工学科では本郷から二分の一を第二に割り当てるという約束になったという。しかし実情はそうはならなかったようである。それはそうだろう。新設の第二は工学教育には必須の実験施設が整っていない。また校舎は本郷からすれば木造のバラックで、さらに通勤は遠く不便である。これらの悪条件に加え、これは教官、職員経験者でないと分からないだろうが、新設の部局にはこなさなければならない膨大な事務作業が待っているのだ。行きたいと願うのは余程のフロンティアスピリットの持ち主か、見返りに何らかのメリットがある者に限られる。

ここで余談を一つ。筆者が東大の土木に居た折のことだ。東大が米軍施設跡地の柏にキャンパスを取得し、新設の大学院、新領域創成科学研究科を設けることになった。もちろん工学部もその一つの有力な母体である。誰が柏に行くのか、土木のみではなく学部挙げての話題となった。かつての第二と同様の状況が再現されたのだった。各学科における決め方の詳細はもちろん不明だが、対応は大まかにいうと二通りだった。行く人を何らかの方法で決めて、将来ともに本郷と柏に分けるグループが一つ、その二はとりあえず柏に行く人を決めて、将来的には本郷と柏で人事をローテーションさせようとするグループ。

筆者が所属した土木は第一のグループに属した。柏に行く講座には定員増を認めるというアメ付きだった。新設に伴う膨大な雑務を割り引いても、定員増というアメは魅力的だろう。土木では最も新参者の景観には研究者、教育者が絶対的に不足していたからこれは教授になっていた筆者にとっては魅力的だった。しかし熟慮の末、本郷を動かぬことに腹を決めた。理由は二つ。柏は大学院生のみを対象とするキャンパスだから、卒論生を採れないこと（学部の授業はもちろんできる）。これが第一の理由で、弟子を養成する上でのキーポイントとなる事柄である。第二に、これは俗な話になるが柏が田舎で不便であること。

横浜に住む筆者には余りの遠距離通勤であり、また学外の仕事をこなすには極めつけの時間の浪費が予想された。地方出張の仕事が多い者には、東京駅、羽田空港へのアクセシビリティが最重要案件なのだ。

この余談に書いた経験(思案の段階に止まる経験でしかないが)から、西千葉行きの教官の選定には苦労しただろうと、ある種の実感を持って追体験することができる。

仮に電気工学科の申し合わせのように本郷の教官の二分の一、あるいは三分の一を西千葉に行かせたとしても、半分あるいは三分の二は教官を集めてこなければならない。やり方は三つ。他大学からスカウトするか、大学院の若手を登用するか、官界、産業界からスカウトするか、このいずれかしかない。工学部の主流をなす電気、機械、船舶、冶金と海軍が力を入れた航空二学科と造兵では、第三の産業界、軍からのスカウトが中心となった。これが後に、理論の本郷、実践の第二と言われる第二工学部の学風を決めることになったのである。

この、広々とした田舎のキャンパスと実社会での経験に裏付けされた実践派の若い教官に教育された第二の卒業生は、新しいことに挑戦する、スケールの大きい人材となっていったのだった。

(二)

さて第二の全般のことはこの位にして、昭和二十年四月の、鈴木が入学した時の土木に戻ろう。前述のように鈴木は第二を志願したわけではない。第一、第二が均等になるように振り分けられた結果、第二に入学したのだった。二十年四月入学の第二の五期生の卒年は昭和二十三年三月である。これを東大土木同窓会名簿で眺めると第一の卒業生は三十九名、第二のそれは四十六名となっている(鈴木の卒年は後述するように一年留年の二十四年)。

ちなみに第二の一期生となる昭和十九年九月卒業生は、第一が三十九名、第二が三十五名である。定員は土木の場合、第一、第二ともに四十名だったから、五期生鈴木の昭和二十年四月入学組には入試が行われたはずである(今の理I、理II等で一括して採る方式とは異なり、旧制の東大では学科毎に入試が行われていた。定員に満たない学科は無試験で東大に入学できたのである。それだけ旧制高校が信用されていたのだという言い方もできる)。こうやって卒業生数をチェックすると、四十名の定員に満たない一期(昭和十九年九月卒)、二期、六期、七期、八期(二十六年三月卒)の土木は無試験だった可能性のある学年である。

開学時には西千葉の駅はなく、学生、教官は稲毛駅で降りて線路沿いの道を歩いて通った。徒歩二十分。西千葉駅は十七年十月に開業。鈴木は自宅から歩いて平井駅に出、総武線で西千葉駅へ、というルートで通学した。「ひでえ所に入っちゃった」と嘆かれたキャンパスだったが、自然には恵まれていた。鈴木と同じ五期生だった冶金の山本金作の回想。「西千葉の校舎近辺が目に浮かびますね。松林があって、畑があって、海のほうに下がったところを道路が走っていて、その下が海だった。畑には秋になるとコスモスがそこここに咲いてね。ひばりも沢山いた。あの景色はみんなの記憶にあるんじゃないかな。忘れられないねえ。今とは全然違うんだ。あんなに家が立ち並ぶとは考えてもみなかったよ」(注二)。

平成十八年七月二十八日、筆者はかつての西千葉キャンパスを訪れた。今はその大半が千葉大のキャンパスとなっているが、その一隅に第二の名残は残っていた。東京大学生産技術研究所千葉実験所として。筆者は昭和五十(一九七五)年十月の農学部助手を振り出しに、途中建設省土木研究所六年勤務の抜けはあったものの、平成十八年三月まで東大に在籍していた。それにも関わらず西千葉のキャンパス跡を訪ねたのは、これが初めてだった。かつてキャンパスが海に至近だったことを示す黒松の松林は健在だった。

木造の事務棟も残っていた。ただ人影はなかった。

当時の面影を探して実験所構内を巡っていると予想外のものにぶつかった。生研の教授だった水文の虫明功臣の雨水浸透の屋外実験施設、昭和四十三年卒同期の土質の龍岡文夫の補強土工法の盛土などがそれだった。先輩の虫明にしろ、同期の龍岡にしろ、それがかつての西千葉キャンパスだったことを何故教えてくれなかったのだろう。生研といえば六本木と、同じ大学とはいえ、部外者の我々はそう思い込んでいたのだ。生研が第二の後身だということは知っていたにせよ。

帰りがけに立ち寄った千葉大のキャンパスは、夏休みであるにもかかわらず若い学生で賑わっていた。その分だけ余計に、第二の跡地の実験所の静けさが身にしみた。星霜移り……か。

しょっちゅう勤労動員にかり出され、あげくに二年に短縮された弘前高校には、いわゆる旧制高校の青春はなかった。その旧制高校にはなかった青春が西千葉にはあった。二年遅れの青春だった。西千葉は東京からは遠い。第二の学生はキャンパス近辺の寮、下宿に入る者が多かった。旧制高校のような全寮制とはいかなかったが、味わえなかった高校の雰囲気が第二にはあったのである。もちろん本郷の第一にはそんな雰囲気はなかった。

戦争が終わっても危機が去ったわけではなかった。徴兵、空襲に替わって食糧難と結核が学生達を待っていた。そしてその先には就職難という恐怖も待っていた。鈴木は立花の自宅から通っていたから、寮や下宿に同居という旧制高校的な青春はなかったのかも知れない。しかし西千葉という僻地に追いやられた学生の、そして学生と教師の連帯感は強かった。鈴木がとりわけ親しくしたのは「六サン」こと故石川六郎（鹿島建設社長）と、故高居富一（アイエヌエー会長）だった。鈴木は石川と伊豆の達磨山へ行ったという。しかし鈴木は当時の第二の危険、肺湿潤にかかって留年し、卒業は六期と同じ昭和二十四年になる。

(三)

講義は非常勤で来ていた東京都の都市計画課長、石川栄耀（東大土木大正七（一九一八）年卒）の「国土計画」が一番面白かったと言う。石川は旧制盛岡中学出身、都市計画地方委員会の名古屋で区画整理に実績を残し、東京に戻って戦前、戦中の首都圏計画、防空計画を立案した鈴木の先輩である。いや都市計画学会を実質的に立ち上げた人物という方が、この分野では通りが良い。その功績をたたえて、都市計画学会には石川賞という授賞制度がある。石川の話は面白く、話術も巧みだったという。寄席が好きで、先々代の「こさん」をよく自宅に招いていたという。天性の素質に加え、落語で腕を磨いたのだろう。

これは第二で講義を聴いた学生に共通する評価で、七期の高橋裕（東大名誉教授）もそう語る。高橋の言によれば、石川は学生にノートをとらせなかったという。集中力が落ちるというのが石川の考えだった。ノートは家に帰ってからとれと言ったそうである。講義にはノートなどとらずに、話をよく聴けという教え方だった。

石川は非常勤だったが、非常勤を含めての第二の土木教官にはどのような人物が集められていたのだろうか。泉知行の卒論「東京大学第二工学部土木工学科における教育と環境」（平成十八年三月）によると、第二の常勤の教官は、釘宮磐（施工法、鉄道省から。以下同）、森田三郎（港湾、東京市）、岩崎富久（上下水道、東京市）、沼田政矩（鉄道、鉄道省兼任）、福田武雄（橋梁、本郷）、安藝皎一（河川、内務省兼任）、岡本舜三（応用力学、愛媛県）、丸安隆和（測量、京城帝大）、表俊一郎（地震、地震研）、堀武男（土質、鉄道省）となっている。常勤十名のうち、大学人は福田、丸安、表の三名のみであり、七名は実務からスカウトされている。先に触れた電気や機械のように土木はメーカーからというわけにはいかないが、教授陣は実務出身者が中心という意味では同じであった。さらに瀬藤学部長を出した電気では二分の一を本郷から、と比較すると、土木では本郷から来たのは福田ただ一人だった。実務の第二の最右翼に土木は位置していたのである。そして本郷から来た福田も実は帝都復興局にあって豊海橋《とよみ》を担当し、新潟の萬代橋を設計したバリバリの実務派だったのである。

当時の関係者の証言によれば、この人事を行ったのは本郷から来た福田だった。福田は「本郷の土木教育は本当のエンジニア教育ではない」と公言していたという。福田は大正十四（一九二五）年に東大を卒業し、直ちに復興局に入り、帝都復興橋梁に携わった。上司は橋梁課長の田中豊、課長補佐の成瀬勝武だった（ともに東大土木の先輩）。田中に才能を認められたのだろう、翌十五年には東大の本郷に戻されている（助教授）。ドイツ語で論文を書き、実務経験のない本郷の教官陣に腹を立てていたという。そういう観点で当時の本郷の陣容を見てみると、確かにかつての上司田中を除いて実務経験者は皆無に近い。アカデミックかも知れないが、何の役にも立たない研究と福田の眼には映ったのだろう。これは（将来実務をやることになる）エンジニア教育ではない。研究者養成のための教育でしかないと憤慨したのだろう。

この思いは筆者にもよく分かる。筆者の駒場教養からの土木工学科進学は昭和四十一年、四十三年卒業。卒業の時点では橋の設計も河川の計画も、その真似事すらできなかった。やはり、この後年の時点でも、本郷の教育はエンジニア教育ではなかったからだ。お隣の建築では設計演習で学生を鍛えていて、もちろん水準が高いとは言えぬにせよ、建築卒は住宅の設計位はこなせるようになっていた。また、これは後になって知ったことだが、復活した航空学科では卒業設計が必須になっていて、エンジンや機体の何たるかを体得させている。それでこそ、工学部というものであろう。工学は理学とは違うのだから。

第二の教官は実務の体験を基に講義を行い、悪く言えば、それしかできなかった。この受講体験と田舎の、しかし自然豊かなキャンパス、旧制高校的な人間の濃密な付き合いが第二出身の東大生を第一のそれとは異なるキャラクターに育てあげた。入学時の素質は均質であったにもかかわらず、第二出身者にはスケールの大きい人間が多い、新しいことをやるのは第二出身が多いと評価されるのである。

確かに電気、機械、冶金などの分野では電気電子メーカー、自動車会社、製鉄会社等の社長、会長を輩出している(注三)。

では土木ではどうだったか。第二の土木出身者には大学人は極めて少ない。東大に戻ったのは五期の鈴木と七期の高橋のみではないか。しかし実務畑には多くの人材を輩出した。前述の石川の他、国鉄技師長の高橋浩二、関空社長の竹内良夫、本四公団総裁の山根孟等。第二があった昭和十九年卒から二十六年卒の第一と第二を比較した泉の表がここにある。それによると、土木学会の功績賞受賞者は第一が九名。第二が十五名、論文賞は第一が四名、第二が二名となっている。より明瞭な差が出たのは土木学会会長で、第二からは岡部保、高橋浩二、竹内良夫、石川六郎、小坂忠など八名を出しているのに対し、第一からは二名なのである。会長が必ずしもスケールが大きいとは限らないが、第二出身にはそれなりのまとめ役としての力量を持った人物が多いということはできよう。

(四)

話を教官陣と講義に戻そう。皆が認める石川の講義の面白さ、人を惹きつける人間的魅力には、鈴木も同感の意を示す。しかしそれだけでは若者は将来の途を選びはしない。後に建設省の都市計画畑で活躍することになる今野博、渡辺与四郎などは石川についていった。しかし前掲の高橋は安藝を選ぶ。高橋が学生時代を送った昭和二十年代前半は、カスリーン台風、キティ台風などにより未曾有の水害が毎年のように日本を襲った時代だった。戦後日本復興の第一の課題は治水だったのだ。この社会的状況の元で、高橋は河川を選ぶ。

では鈴木は何を選んだのか。鈴木が選んだのは内務省土木試験所から来た星埜和（東大土木、昭和九（一九三四）年卒）である。鈴木は高橋と同じように当時の社会情勢で使命感を抱いたのだろうか。星埜の専門は土質、道路である。後にワトキンス調査団（注四）が、「先進工業国にしてこれほど道路がひどい国は見たことがない」と言うほど当時の日本の道路はひどかった。しかし道路が国土開発の中心に登場してくるのは、昭和二十九年の道路特会、三十一年の道路公団発足以降のことである。筆者にはそうは思えない。とすると、鈴木は今野や渡辺が石川に魅かれたように、星埜の人間に魅かれたのだろうか。

というのは筆者が星埜を知っているからである。

星埜は人柄温厚、静かに、しかし着実に研究を積み重ねるタイプの大学人であった。別の言い方をすると、発想が飛んで新しいことをやり始めるタイプの研究者ではない。一応二十年以上大学で禄を食んだ者として、その位のことは分かる。星埜はある意味で典型的な土木工学の研究者なのだ。この時期にはまだ顕在化してはいないが、後年、観光、景観、土木計画学という具合に次々に新しい分野を切り拓いた鈴木が、このようなタイプの人間に魅かれるわけがない。では何故。

ヒントは鈴木の証言にある。鈴木の星埜のもとでの卒論「道路の計画」に関係なく、鈴木の進路はその証言の方向に動いていくのである。鈴木の証言、「加藤先生の話には、いちいちうなづくことが多かった」。鈴木は、加藤に最も大きな影響を受けていたのだ。しかし前述したように第二の土木の常勤の教官陣に加藤の名はない。ではと改めて名簿を見ても、非常勤の所にも加藤の名はないのである。

いつまでも謎解きのようなことをやっていても仕方がない。事実をかいつまんで述べよう。加藤とは加藤誠平（東大林学、昭和四（一九二九）年卒）のことであり、専門は林学の森林土木（森林利用）であった。より具体的に言えば伐採された木を山から降ろすための林道や索道の計画、設計が専門であった。加藤は土木ではなかったが、土木の応用力学の教授山口昇のもとで修行し、すでに名著『橋梁美学』を著していた。上高地の梓川に架かる吊橋、二代目の名橋と言われた河童橋の設計者としても知られていた。この加藤が土木のお隣第二の建築に非常勤で来ていたのである。鈴木はその講義を聴いて、「いちいちうなづくところが多かった」のだ。その内容の具体的なところは分からない。講義名は「造園概論」あるいは「日本庭園」といったところだったろう。

いつの頃からかは定かではないが、東大の建築には前述の「造園学」という名の講義があり、その講義は農学部林学科の先生が担当することになっていた（今でもこの伝統は続いている）。本郷の第一には、日本の国立公園の父と言われた田村剛（東大林学、大正四（一九一五）年卒）が非常勤で来ていた。第二の開学に伴って第二の建築も本郷にならい、林学の加藤に非常勤を依頼したのである。「いちいちうなづいた」その内容は分からないと書いたが、田村が本郷で国立公園の話や、田村が最も興味を持っていた日本庭園の話をしたであろうに対し、加藤が話したのは専門に係る観光道路や橋のことではなかったかと推察できる。後に鈴木が加藤の指導のもとに、『観光道路』を著しているからである。

かくして鈴木は卒論「道路計画」を書き上げる。指導教官は星埜。しかし実質の指導教官は加藤だった。何故にこのテーマを選んだのか。鈴木は二つの理由を語る。第一に旅行が好きだったこと、第二に観光に興味を抱いたこと。第二の理由は明らかに加藤の影響だった。さらに推測を重ねればカメラの影響を見逃すことはできない。鈴木の長兄はカメラ好きで、鈴木自身既に小学校六年でカメラを与えられていた。子供のカメラ好きは旅行好きに移行する。それが好い景色を求めて観光に行くのは何ら不思議ではない。鈴木は第二の写真クラブに入っていた。資材購入のためだという。キャンバス中央の写真研究室にはしょっちゅう出入りしていた。そしてその観光は戦後日本の復興の柱であると、当時は考えられていたのだから、これは当時の国策にも合致していたのである。カメラ少年鈴木は、生涯のテーマ、観光に巡り合い、その観光の当時のトピックだった（観光）道路で卒論を書いたのだった。卒年一年後輩の高橋は復興に当たって克服すべき洪水から河川を選んだ。鈴木はこれまた、復興日本を担う観光を選んだのであった。ともに時代背景を色濃く反映した生涯のテーマ選択だった。

（五）

ここで当時の社会状況を簡単におさらいしておこう。当時というのは鈴木が卒論を書いていた昭和二十三、二十四年頃の日本である。太平洋戦争は昭和二十年八月十五日の玉音放送をもって実質的に終わった。以後二十七年のサンフランシスコ講和条約発行まで、日本はアメリカ軍の占領下に置かれる。つまり当時の日本は「独立国」ではなかった。戦争で徹底的に叩きのめされた日本を如何に復興させるか、それが日本の焦燥の課題だった。工業はアメリカ軍の空襲により壊滅的な打撃を受け、元来が鉄や石油等の資源を持たない国、日本の工業振興は望むべくもなかった。この資源小国という宿命と米国との工業力の差が太平洋戦争の帰趨を決した点だったのである。戦前の日本は農業国であり、軍事に引っぱられての造船、航空産業等の軍需産業はあったにせよ、工業の主体は繊維等の軽工業だったのである。

工業復興の目処は立たず、武装解除された戦後日本が理想としたのは永世中立国にして観光で外資を稼いでいるスイスだった。この観光立国スイスから観光立国日本が出てくるのは当然の流れだった。平和国家日本。かくして、戦後日本の復興は観光振興に託されたのである。つまり鈴木は、悪く言えば、当時の時流に乗ろうとしたのである。

鈴木は人が好いから、何だ、時流に乗ったわけですか、という具合に悪く取る人もいるなどとは、これっぽっちも頭に浮かばないのだ。だから、筆者にも当時の講演会や、シンポジウムの冊子を本棚から取り出してきて、どうだとばかりに自慢げにそれを筆者に見せるのだ。如何に当時の財界が、観光立国に本気で取り組んでいたかの証拠として。

歴史が示すように、観光は結局のところ、復興の柱にはならなかった。傾斜生産方式の採用により、石炭産業に力が注がれ、それが鉄鋼に、造船にという形で我国の工業は再生していく。その起爆剤となったのが、よく知られているように、昭和二十五（一九五〇）年に勃発した朝鮮戦争だった。その後、これもよく知られているように池田内閣の所得倍増計画があり、昭和三十年代から高度成長が始まる。観光は再び不要不急の、暇人の趣味として、片隅に追いやられていくのである。

注

一　文献（二）参照。
二　文献（三）参照。
三　文献（二）参照。
四　昭和三十一（一九五六）年来日のアメリカ人、L. J.ワトキンスを団長とする道路の調査団。日本の道路政策に対する助言をおこなった。

五章　演習林の日々

（一）

昭和二十四年三月、鈴木は東大第二工学部土木工学科を卒業することになるわけだが、その前に就職をどうするかという問題を考えねばならなかった。もちろんこれは鈴木だけの問題ではなく、卒業を控えた学生なら誰しもが考えざるを得ない問題である。

昭和二十年四月入学組の同期、仲の良かった「六サン」こと石川六郎は、昭和二十年五月に運輸通信省から誕生した運輸省に、一年早く入省していた。戦前の土木卒業生が第一志望としていた鉄道省は、逓信省とともに既に昭和十八年十一月に廃止されていた。鉄道行政は鉄道総局所管となり、運輸通信省となっていたのである。したがって、石川の運輸通信省改め運輸省入省は土木のエリートの伝統に従うものだった。その後石川は昭和二十三年の日本国有鉄道の発足に伴って国鉄に移り、さらに鹿島建設の鹿島守之助の女婿となって鹿島の重鎮となるのである。入学同期の親しかった南部繁春も運輸省、生涯に渡って親交を結び、後に鈴木に研究室を提供し、特別顧問も頼んだ高居富一は鹿島建設に入っていた（高居は後に電源開発に転じ、独立してI. N. A.新土木を起こす）。この高居と鈴木の縁で鈴木は東工大時代の教え子をI. N. A.に多く送り込み、それらの人間が後に独立して地域開発研究所やプランニング・ネットワークなどの地域開発、土木史、景観設計を専門とするコンサルタントを開くのである。

昭和二十四年卒業組の同期、菅原操は国鉄、鈴木との縁で退官後、前述の地域開発研究所の顧問格になる中澤弌仁は建設省だった。

鈴木は健康に自信が持てなかった。それはそうだろう。肺湿潤の疑いで一年留年の浮き目を見ている。当時の肺結核は死に至る病である。現場での勤務はきつく、屋内作業の設計製図も胸には悪かった。そのまま土木の分野に就職したのでは「殺されちゃうからさ」と感じていたという。入学同期の一足先に就職していた石川や高居から、どの位その辺りの話を聞いていたのかは定かではない。労働条件が格段に改善された現代においても現場の仕事はきつい。ましてや現場の宿舎が飯場と呼ばれていた昭和二十年代の仕事のやり方は想像するにかたくない。山奥のダム現場では長期の隔離生活を強いられ、河川では洪水の恐れのある毎に夜間の待機を命ぜられ、鉄道では日本復興のための突貫工事、夜昼ない保線作業が普通だった。

「今でも当社の新入社員の採用に当たっては、健康、体力を最も重視します」と東武鉄道の工事担当課長星野三夫と建築課長浜田晋一は語る。平成十九年六月、東武伊勢崎線の諸駅を案内してくれた折の立ち話である。鉄道の改築工事では、当然のことだが車輌の運行をストップすることはできない。したがって高架の建設にしろ、軌道の敷設にしろ、新駅舎の建築にしろ、工事は終電後、始発前の深夜にやることが多くなる。「昼も出て、深夜作業に出る。夜出たからといって、昼が休みになるわけではありませんから」。健康で体力がなければ勤まらないのだ。

幸い鈴木の実家は金に困っているわけではなかった。また、鈴木は八人兄弟の下から二番目だった。急いで自らが稼ぐ必要はなかった。鈴木は「いちいちうなづくところの多かった」加藤を頼った。なにより良かったのは、その生まれ、育ちから鈴木がもの怖じするタイプの青年ではなかったことだろう。また、所属が第二だった点も幸運だったろう。普通の感覚で言えば、指導教官に相談するなら兎も角、非常勤の、それも土木ではなく建築の非常勤に就職を相談することは考え難い。第二では、先述のように教官と学生の距離が近く、垣根の意識が本郷よりずっと低かったのだ。ちなみに加藤は昭和四(一九二九)年、林学卒だから、鈴木には十五年先輩に当たる。まだ四十歳前だったはずである。

鈴木は卒論の実質的な指導教官だった加藤に、農学部林学科の大学院に進学して、「加藤先生のもとで勉強したい」と言った。最も考え方の上で波長が合い、指導も受けた加藤のもとで、日本の復興を担うことになるはずの観光を勉強したい。この純粋な学問上の動機も大きかったろう。しかし、健康、体力に自信が持てず、土木界からはドロップアウトせざるを得ないという、一種のあきらめの気持ちも大きかったはずである。

従来から鈴木の周辺、またその教え子達に流布していた林学転身の通説は次のようなものだった。鈴木は元来が日本庭園や造園に魅かれていて、本当は農学部に行きたかったのだが、お国のために土木を選び(入学は戦時中の昭和二十年四月)、卒業の昭和二十四年三月には戦争が終わっていたので、もう「お国のため」は必要なくなり、本来の志望だった農学部(造園)へ行ったのだ、と。

しかしこの通説は、今まで鈴木の経歴を辿ってきたことで明らかなように、誤りである。元来の志望が庭園や造園であることを示す言説はなく、土木から林学、観光へ転身後の鈴木からも日本庭園や造園が話題の中心に据えられたことはない。また本当に元来の志望がそこにあったのなら、旧制弘前高校時代にその思いがどこかに現れていなければならない。弘前時代の鈴木には、いずれの方向に進むにせよ、そのような強い指向性はないのである。冷静に見れば、鈴木の選択は弘高《たか》、東大土木を通じて、戦争、徴兵、理科、土木という順のむしろ受け身の選択であった。これは、だから悪いといった規範論の話ではなく、むしろ極くまっとうな当時の青年の進路選択だった。やや晩成だったとは言い得るが。

二代目の河童橋を設計し、『橋梁美学』を著した加藤と知り合ったこと、健康と体力に自信が持てず、農学部林学科に転身を図ったこと、この二つは土木における景観工学の誕生にとって、実に大きかった。鈴木がそのまま国鉄なり建設省に、あるいは鹿島等の建設会社に行っていれば、他の同期生と同じように土木のエリート鈴木があったにすぎず、観光の、また景観の鈴木も生まれようはなかった。また、その前の加藤との邂逅がなければ、鈴木は石川栄耀のもとに都市計画の途に進んでいたかも知れず、やはり後の鈴木はなかったであろうから。

鈴木は加藤のもとで勉強しようとする一方で、加藤の紹介で田村剛にも会いに行く。加藤が国立公園関係の部署への就職を勧めたのか、鈴木が大学院ではなく就職しようと考えたのか、それは定かではない。田村は大正四（一九一五）年の東大林学卒で、当時厚生省の嘱託だった。加藤の十四年先輩である。

（三）

ここで田村剛という人物と国立公園に触れておかねばならない。田村は岡山の人で、本当は別の途、つまり、より学究的な数学や物理の如き途に進みたかったのだが、病弱ゆえに外業の林学を選んだという人物である。この辺りの選択は鈴木と同じであった。当時の東大林学には造園の講座はなかった（造園を専門とする森林風致計画研究室ができるのは昭和四十八（一九七三）年十二月である。筆者は先任助手の熊谷洋一に継いで二人目の助手となった)。林学科における造園研究は造林学講座の一隅にあって、つまり、まま子扱いで、造園学教室を自称していた。この造園学教室の存在を許したのはおそらく、造林学の泰斗であり、日本初の西洋式公園、日比谷公園を設計した本多静六(注一)だったのだろう。

田村は日本最古の庭園書である『作庭記』(平安時代とされる)に魅かれ、後楽園等の日本庭園の研究にいそしんだという。しかし、それでは飯は食えない。日本庭園の研究などというものは、大名が居た江戸時代ならいざ知らず、観光以上に不要不急の分野である。田村がどのような経緯で厚生省の嘱託になったのかは分からない。推測をたくましくすれば、本多の推薦によったのではないかと思う。何故なら、厚生省は国立公園制度を創り、実際に日本各地に国立公園を指定しなければならなかったからだ。昭和六(一九三一)年に国立公園法が公布され、昭和九年には大雪山、日光、瀬戸内海等が第一次の国立公園として指定される。ちなみに世界的にみれば国立公園制度の第一号はアメリカで(一八七二)、東洋では日本が最初であった(アメリカの国立公園は土地を国が所有する営造物公園、日本のそれは他人の土地(国有林や民地)に網をかぶせるだけの地域性公園である)。風景の専門家が必要だったのである。

国立公園はそれまでの松島や八景式(注二)の箱庭的な風景観から脱却し、我国を代表する自然の大風景地を選ばなければならない。そのためには、北は北海道から南は九州に至る日本の自然の中を歩かなければならない(何故か戦前の日本においても、台湾、朝鮮、満州、樺太、千島列島は国立公園の対象とは考えられてはいなかった。「我国を代表する」の我国はやはり、当時においても、古来からの本州、四国、九州に北海道を加えた範囲と考えられていたのだろう。考究に値する風景観の問題である)。

伝説によれば、戦前に指定された国立公園は全て田村が決め、各々の国立公園の範囲も田村が決めたのだという。この伝説によって田村は日本の国立公園の父と呼ばれるのである。いや、それは事実だったのかも知れない。国立公園発足時の所管は厚生省だった。それは国立公園が観光に止まらず、国民の保健、休養にも資すると考えられていたからである。専門家は田村以外にはいなかった。付言しておくと、国立公園法は戦後の昭和三十二（一九五七）年に自然公園法となり、所管が環境庁、そして環境省となって今日に至っている。

田村剛には一度だけお目にかかり、その謦咳に接した。昭和五十（一九七五）年十月二十日だった。森林風致計画研究室が開講する講義「森林風景計画」を記念して、田村剛による開講記念講演が開かれた折のことである。田村は「森林風景計画の将来」と題して約一時間の講演を行った。年齢は大正四（一九一五）年卒から推察すると、当時八十三歳前後であったと思われる。田村は矍鑠とした話振りで講演を無事終えた。台湾出張の折に、船と岸壁に挟まれて失った片足を杖で補い、ゆったりと歩いた。若き頃には病弱であったということが信じられないような、長身の紳士だった。当日は感無量であったと思う。まま子扱いされながら細々と生きてきた造園学教室が、森林風致計画研究室として講座となり、その記念すべき開講講演を行ったのであったのだから。本人の弁によれば東大の非常勤を終えての、二十五年ぶりの東大ですとのことだった。それを信じれば八十五歳だったのかも知れない。若い時分には健康に自信が持てず、歳月を経てみれば八十歳を超えてもなお矍鑠は鈴木も同じである。林学という学問は身体に良いのかも知れない。

（三）

さて昭和二十四年に戻ろう。先にも述べたように田村は当時、本郷の建築の非常勤で造園を教えていた。訪ねてきた鈴木に田村はこう言った。「大学院で勉強してから来ても遅くはない」。田村がこう言った理由はよく分かる。加藤に指導してもらって卒論を書いたとはいえ、鈴木が専門として勉強したのは土木である。国立公園の方でやっていくには、造園や森林の知識が不可欠である。学士入学とは言わないまでも大学院でそれらを勉強してから来いと言いたかったのだろう。

鈴木は田村の答を持って加藤のもとを再び訪れた。加藤の提案は鈴木の意表を突くものだった。それは同じ勉強をするんだったら授業料を払う替わりに給料をもらいながらやればよい、というものだった。つまり林学科付属の演習林の職員になればよいというのである。

林学科の付属演習林は、皆に分かりやすいたとえで言えば、医学部の付属病院と同じ発想である。つまりそれは大学における研究、教育に資する実践の場である。農学部では他に農学科付属の農場があり、水産学科の試験所などもある。実学の学科には不可欠のフィールドであると言って良い。東大の演習林は北海道の富良野（東大の持つ土地の九十％以上の面積を持つ）、千葉、秩父、瀬戸の四ヶ所にあり、これとは別に本郷キャンパス内に研究部を持つ。鈴木が入ることになるのは、この研究部だった。ただし、そう都合良くポストがあいているわけではなく、鈴木は演習林の日雇いとなった。昭和二十四（一九四九）年四月のことだった。この就職を土木の教官はどう見ていたのだろうか。鈴木が「農学部に行く」と報告にいくと、主任だった教授福田武雄はこう言ったという。「勝手にしろ、面倒はみないよ」と。

当時の鈴木の思いがどのようなものだったのか。それは分からない。これで飯を食いながら観光の勉強ができる、とホッとしたのか、あるいは同期生達が国鉄、建設省、大手建設会社といった土木のエリートコースを歩み始めたのに比べ、零落感を感じていたのか。恐らく存外に楽観的に考えていたのではないか。同じような境遇を体験したことのある筆者にはそう思える。その体験とはこうである。昭和四十六（一九七二）年三月に修士を修了した筆者はアーバンインダストリーという、企画、地域計画を専門とする民間コンサルタントに就職した。卒論の時から助手中村良夫の指導のもとに景観を勉強していた筆者は、この就職で土木との縁が切れたと思い、気分は爽快だった。あの東大闘争で経験した、うんざりするほどの無責任体制、権威主義とおさらばできるということももちろん大きかった。土木のエリートコースからの脱落…。そんな零落感はひとかけらほども感じなかった。建設省や国鉄へ行って偉くなる…、そんな気持ちはなかったからだ。これで元来の志望のプランニングの仕事ができる。そういう意気に燃えていたのだ。鈴木のように実家が金持ちではなかったが。

鈴木がどういう志を持って土木に入ったのかは分からない。そう積極的なものはなかったのではないか、と先に書いた。それなら土木へのこだわりはない。筆者が土木在学中に景観というテーマを見つけたように、鈴木はやはり土木在学中に加藤に巡りあって観光というテーマを見つけたのだ(本当は年代的には逆だが)。その好きな観光というテーマを、人夫身分とは言え、給料をもらいながらできる。零落感などとは無縁の、むしろやる気満々の気持で演習林に乗り込んだのではないか。筆者はそう想像するのである。

しかし家族の思いはこれとは違ったのかもしれない。折角帝大の土木に入ったのだから、役人になって偉くなってほしい。これは両親や家族が抱く極く自然の人情であろう。それが林学科の、それも演習林の、そしてさらには日雇いとは。筆者の親爺も折角東大の土木を出たのだから、建設省、運輸省などとは言わぬまでも、せめて道路公団へと言った。しかし息子、忠義の健康のことを考えれば、演習林でのんびりやって、とホッとしたのかも知れない。これも母親、兄姉の心情であろう。

(四)

鈴木が日雇いで行き始めた東大演習林研究部とはどんな所だったのか。あるいはその母体である林学科はどんな状況だったのか。鈴木の研究テーマである観光に係る点に絞って、簡単にスケッチしておこう。もちろん当時の教室や研究部を知っているわけではないので、スケッチは極くラフなものにならざるをえない。

鈴木が後にともに仕事をすることになる林学科の仲間は前述した、まま子の造園学教室出身者に限られる。師の加藤の研究室は森林土木（機械）だったのだが、加藤の観光道路、橋梁美学を受け継ぐ弟子はここからは育っていない。加藤自身もそれは自分の余技と考え、後継者を育てようとは思っていなかったのだろう。研究の本業は索道や林道の研究だったのだから。鈴木はだから、加藤の番外の、この方面の唯一の弟子だった。

この研究における本業と余技という問題は、じつは講座制をとる日本の大学の発展を考えるにあたって重要な問題点を内包している。土木にせよ林学にせよ、学科は講座制で成り立っていて、各講座はもっぱら何を研究し、その内容を講義するという住み分けの論理が貫徹している。土木で言えば港湾の講座は港湾、海岸に関する研究、教育を行い、他の分野には口出ししない。コンクリートも河川も、土質も皆同様である。もちろん林学でも同じ、いや全ての学科がこのシステムで成り立っているのである。

では、その講座編成はそもそもどうやってできたのかと言えば、学科設立時の社会的ニーズをベースに、講座を申請する大学当局とそれを審査する文部省、予算をつける大蔵省との協議で決まる。当然のごとくに次のような疑問が起ころう。社会的に必要な新しい研究ニーズにはどう対応するのか。また、境界領域のテーマはどの講座が扱うのかと。

前者の問題に対しては、講座の所掌範囲の中で、研究の力点を変えることで対応する。ではそれに収まらないテーマの場合はどうなるか。財政に余裕のある場合、あるいは先述した第二の如くに緊急性のある場合では、講座が新設される。しかしこれは特殊、例外である。戦後の高度成長期には工学部が拡張されたことはあったが。つまり、講座制のもとでは、新たな研究のニーズに対応することは困難なのである。

次の境界領域のテーマについても対応のルールはない。かつてのバイオサイエンス創成期の頃のこと、先に手をつけたのは農芸化学系の研究室だった。次にその動きに追従するように工業化学系が参入した。所帯の大きな工学系では後に学科を再編し、それまでは農学系の専売特許だった「生命」の名を冠した「生命化学科」まで作ってしまった。これは学部間の話であるが、学科内でどのような調整が行われたのかは外からは分からない。

いずれにせよ、講座の教授は一国一城の主だから、誰もその研究、教育の内容に口出しすることはできない。学科主任、あるいは専攻長がいるではないかといっても、それは輪番制のポストだから形式上は権限があっても講座の教授に強制することはできないのである。学科の上にある学部長も然り。原則的には学科内の人事、研究、教育内容に口出しすることはできない。つまり大学という組織は極めて現状維持的、非変革的な組織なのである。

不用になった部分（講座、学科）をスクラップして、などということを口に出すことは不可能である。これが大学が民間の企業と異なる悪いところであり、致し方ないところでもある。余りにロス、不採算部門が多くなれば企業はつぶれる。しかし大学はつぶれないのだ。悪い点を挙げてきた。しかしやや冷静に考えると、大学が企業と同じようにその時々の社会のニーズに対応しているのでは、大学たる意義を失うことも確かである。現在は一見して必要ではないと思われることも研究してこそ大学というものであろう。この論理によれば、大学の講座編成は企業の部、課のようにコロコロと変わってはまずいのである。いささか古い言い方ではあるが、いつの世にあっても不可欠なもの、いずれ必要となるシーズ的研究を担うのが大学の役割であろう。

やっとここで加藤の観光の話に戻る。加藤は観光というテーマがいずれ必要となるシーズだとは考えなかったのだろうか。考えなかったのかも知れない。何故なら直系の弟子にあたる林学の学生にはそれをやらせなかったのだから。だが話はそう単純ではない。シーズ研究として重要だと考えていてもやらせないこともあるからである。いささか話がゴチャゴチャとして細かくなってきた。しかし、この問題は新しい研究分野が如何にして生まれ、育つのかという重要な問題なので、もう少しお付合い願いたい。本書で述べる景観という分野こそがその問題に外ならないのだから。

いずれ必要だと考えても後進にはやらせないこともあると書いた。それは、将来は必要になるにしても近未来においては「食えない」からである。加藤はそう思ったのかも知れない。鈴木はいい。将来林学で食うわけではないし、今は演習林で食えている。加藤は鈴木をそう位置づけていたのかも知れない。

伝統的な講座制は、教授一、助教授一、助手二という構成で成り立っていた(今は、かなりこの形は崩れている。定員削減の波で崩れ始め、大学の大学院化で顕著となり、大学の独立法人化で加速がついた)。

加藤が将来有望なテーマである観光研究を講座内で始めようと考えるなら、誰かにそれを本格的にやらせなければならない。助教授にやらせようとすると、本業である林道や索道の研究を継ぐものは助手となる。東大の場合でいうと大正時代以来定年は六十歳だから、加藤が定年を迎えた時点で次の教授になる助教授は平均的にいうと、四十五歳程度、助手は三十歳前後となる。この三十歳前後の若手研究者に自分の本業である研究の将来を託することができるだろうか、という問題になる。答は否であろう。三十歳前後では実績はまだ充分ではなく、研究者としての将来の見込みも立たない。つまり、新しい研究分野を直下の助教授に託すことは現実的には、不可能なのである。

次に考えられるのは、それを助手に託すという途である。これならば本業の研究は助教授、つまり次の教授のもとで安泰である。しかしこの場合、その助手に先述の問題が生ずる。将来それで食っていけるかどうかという問題が。指導教授たる人物が定年で辞めてしまえば、研究の指導者が居なくなるという問題以上に、学内の庇護者がいないという問題が生ずる。辞めた教授以外に新分野の研究を理解し、支持する先生はいないのが普通なのである。学界（林学）内でもいまだ認知されず、学問的に孤立無援とならざるを得ない。加藤は鈴木が林学出ではない、いわば「番外の弟子」だったから、新分野の観光を専門とすることを許したのだろう。

以上の問題は林学の加藤、番外の鈴木の関係に限らない。いつの世にも繰り返し現れる問題である。新しい研究を起こそうという時には。大分先のことになるが、昭和三十六（一九六一）年七月、鈴木は土木の教授、八十島義之助に呼ばれて演習林を後にし、土木工学科専任講師に就任する。翌年四月、助教授。交通が専門の八十島が、観光の鈴木を新分野の後継者に据えたように見える。八十島は加藤に較べ本業の継承について憂いがなかったのだろうか。いや、そんなことはやはりあり得なかった。鈴木はいずれ新設される都市工学科へ転出させることが約束されていて、その含みで鈴木を自分の下に据えたのであった。事実鈴木の転出後、八十島は自分の第一の本業である鉄道工学の後継者に、国鉄から松本嘉司を迎えているのである。八十島の元来の本業は鉄道工学であり、鈴木を呼んだ昭和三十年代から四十年代にかけては、第二の本業である交通計画に軸足を移しつつあった。自らが新しい分野に乗り出し、第一の本業を松本に継がせるというパターンだった。ただし注意しなければならないのは、新しい分野である交通計画は土木の先進国アメリカ、イギリスでは既に確固たる地位を築き、我国においても昭和三十年代からのモータリゼーションの発展に伴って、社会的に認められつつある学問であったことである。だから八十島は大したことはない、といっているわけではない。元来の本業を後継者に委ねて自らは新分野に乗り出すということは、普通の研究者にそうそうできることではないからである。また、後述するように教室にあって新分野の研究者鈴木を常に擁護し、観光以上の新分野景観を重視したという点で、希有の先見の明を持つ教授であったということができる。景観工学の生みの親は鈴木だったにしても、八十島という育ての親がいなければ、景観工学という新分野に今日の姿はなかっただろう。

鈴木が土木から都市工に去った後、八十島は鈴木が推薦する、鈴木の景観の一番弟子、中村良夫を昭和四十（一九六五）年四月に助手に採用する。中村の専門は八十島のかつての本業の鉄道工学でもなく、今の専門の交通計画でもなかった。鉄道工学の後継者に松本を据えたのだから、普通には交通計画の人物を助手に当てるはずである。人材はいなかったわけではない。昭和三十七（一九六二）年三月卒の中川三朗、三十九年三月卒の黒川洸は交通計画を専門として、大学院にいた。何故八十島が人事の常識を超えて、三十八年卒景観の中村を採ったのかは分からない。中村の卒論「土木構造物の工業意匠的考察」に土木の新しい方向を認めたためか、鈴木の熱意にほだされたのか、あるいは中村の才能に懸けたのだろうか。

いずれにしろ、鈴木のまいた景観という種は中村として東大の土木に残った。その先行きは不透明であったにしても。採った中村の将来を教授である八十島がどう考えていたのか、それも今となっては分からない。八十島にも確たる展望があったとは思えない。しかし、後のことは知らないという無責任な男ではなかった、八十島は。中村を採った昭和四十年の時点で八十島は四十五、六歳だったはずである。途中は分からないにしても、定年後いずれかの大学に移る時には連れていこうと考えていたのではないだろうか。事実、八十島は定年後埼玉大学に移った時(昭和五十五年四月)、中村の一番弟子窪田陽一を助手として連れていっているからだ。

これまで述べてきたように、景観という新しいテーマを専門とする助手、中村はやはり東大土木では昇進できなかった。八十島が主宰する研究室、交通研では、教授八十島が交通計画と国土計画、助教授松本が鉄道工学を担当していたから、ポストにおいてはもちろんのこと、講義すらも開講することはできなかった。中村が専任講師になったのは、ようやくの昭和四十三(一九六八)年、中村三十歳の時だった。その後の助教授昇任も翌昭和五十一年の東工大移籍を前提とした五十一年だった。東工大に引き取ったのは恩師鈴木であった。

講座制という枠組みで成り立っている大学の中で、新たな分野を切り拓き、それを育てるのはかくまでに難しい。世が成長時代にあって、組織が拡大し得る時代には講座の新設で対応できる。しかし安定期にあっては、そして昨今の日本のように人口減少化の時代にあって、大学そのものが縮小されようとする時代にあっては、新しい分野を興すことはますます困難になるだろう。学問の進歩、展開にとっては危機の時代である。

この新しい分野についてのエピソードを一つ。助手、講師時代の中村は先輩の教授達にこう言われたという。「君は(好きでやっているのだから)良いかも知れないが、(景観を卒論でやらしている)学生達の将来はどうなるのかね」と。事実、その若い学生達―昭和四十年卒の村田隆裕、四十二年の樋口忠彦、四十三年の筆者、四十六年の小柳武和、五十年の窪田等のその後は、まさに綱渡り的な人事であった。

（五）

鈴木が日雇いで勤めはじめた東大演習林研究部は本郷キャンパス内にあったと書いた。今と変わらなければ農学部の正門を入って右手の農学部一号館の一隅に在ったはずである。鈴木はここに総武線で通った。第二の時と同様に平井の駅から乗って、しかし今度は逆の都心方向に。お茶の水の駅で降りて、都電（路面電車）に乗ったという。既に二十五歳の遅れた出発だった。この演習林の日々は昭和二十四（一九四九）年から昭和三十六（一九六一）年六月まで続く。十二年三ヶ月という長い時間である。鈴木の職歴を見ると、東工大の土木、社会工学科時代が一番長く、十四年八ヶ月である。演習林時代はそれに継ぐ長さである。面白いのは鈴木が最も多くの弟子を育てた東大土木、都市工時代がわずか五年にしかすぎないことである。時の勢い、人との巡り合わせというものは、時間の長さとは関係がないということなのだろう。

この十二年三ヶ月の間に、鈴木はどのような人間と付合っていたのだろうか。鈴木自身の口から出るのは（当然のことだが）加藤、田村、塩田敏志《さとし》と、弟子にあたる三田育雄、橋本善太郎、前田豪らの名のみである。これらの人物は師の加藤を除いて、林学科の造園学教室出身である。つまり鈴木の学問上の、親しい仲間は造園学教室という狭い範囲に限られていたのだろう。念の為に鈴木が勤めはじめた頃の人的状況を、『森林風致計画学研究室（造園学教室の発展形）二十五年の歩み』で確かめてみる。

卒論のリストは大正九（一九二〇）年から始まっているので、前述の大正四年の田村剛は記載されていない。都の公園緑地で活躍した北村（山本）信正は昭和十二（一九三七）年卒。戦後は昭和二十六年卒から始まっていて、林学で鈴木の後を継ぐことになる塩田、環境庁で活躍する日下部甲太郎、造園のコンサルタントを拓く前野淳一郎の三名となっている。林学の造園学教室では、それが造林学研究室の居候だったこともあってか、昭和十五年から昭和二十五年までの十一年間もの間、ブランクになっていることが分かる。鈴木が時に口にする不要不急の学問、造園には戦時下、戦後、志望する学生は皆無なのであった。こんなことは鈴木の出身学科、土木のコンクリートや土質、鉄道工学などの研究室では考えられない。

したがって鈴木が演習林に通いはじめた昭和二十四年や、助手に採用してもらった昭和二十五年九月の時点では、林学科には語り合える人間は一人も居なかったことになる。そう、鈴木は独りぼっちだった。では鈴木は一人で何をしていたのだろうか。「忠さんはオブリゲーションなしの、気楽な身分だったんじゃないかなぁ」と、教え子の一人、三田は語る。「江山さん(正美)や森脇竜夫さんなどの非常勤で来る先生の世話だけしてればいいんだから」とも(注三)。確かに演習林でやらなければならなかった仕事の話は鈴木から聞いたことはなく、助手になった後も昭和三十年卒の奈良繁雄まで卒論の面倒も見てはいない。時間はあり余る程あったに違いない。これは本人も認めている。「一番、勉強できた」時代だった。「講義もないし」。

当時の演習林は金持ちだった。米松等の外材が入ってくる前、日本の林業は活況を呈していた(ちなみに現在の日本では輸入材が八割を占める)。富良野を始めとする優良林を抱えていた林学は東大のドル箱だった。そのお陰で研究部にも潤沢な研究費があり、鈴木は観光や道路の洋書をいくらでも買えたという。もう十年近く前になるのだろうか、その鈴木の蔵書をI. N. A.の社内にあった鈴木研究室に見に行く機会があった。I. N. A.は先に書いた鈴木の同期の親友高居富一が社長をしていた会社である。話の発端は鈴木の蔵書を母校である東大土木に引き取ろうかという、鈴木と筆者の合意による。後輩の、当時景観研の助教授だった天野光一(東大土木、昭和五十三年卒)とともに眺めた本棚は圧巻だった。戦後から一九七〇年代にかけて出版された、訪れた当時ではもう手に入らない原書が並んでいた。

鈴木は洋書に限らず、これという本は買い漁っていた。これはI.N.A.の研究室の前のことになるが、東工大社工教授時代の鈴木研究室の本棚も本であふれかえっていた。洋書、歴史書、写真文庫、報告書等、雑多な本であふれかえっていた(いや雑多というのは当方の印象で、これらの本は鈴木の頭の中ではきちんと項目立てされていたようである)。「そんなに買い込んでどうするんですか。第一全部は読めないでしょう」と同僚の教授連からは時々言われたらしい。鈴木はこう答えていた。「本というものは背表紙を眺めているだけでも勉強になる」。

本に対する考え方の相違である。土木の、特に糞真面目なハード系の先生は、本は買ったからには本人がきちんと読むべきものであって、自分が読みもしない本を買うのは誤りであると考える。大方の学者はそう考えているに違いない。鈴木は本をそのようなものとは考えない。本のタイトルである背表紙を見るだけでも、「あゝ世の中にはこういう学問の分野があって、こういうニーズもあるのだ」と思うだけで視野が広がると考えるのである。さらには、本というものは自分が読まなくとも、いずれ研究室の後進が読むだろうと考えるのである。確かに自分が読む本しか置いていなければ、学生達は先生の勉強の跡をトレースするしかなく、そこからは先生を超える新しいものは生まれ難いだろう。鈴木にとっての本棚は、自分の視野を広げると同時に、後進に新しいものを生み出してもらうための装置なのであった。

東大土木に鈴木の洋書を引き取るという話は、母校は東大であるにせよ、長らく教授を勤め、定年退官を迎えたのは東工大だったのではないか、という妙な横槍が入って沙汰止みになってしまった。東大の土木の学生にとっては残念な話だった。今、鈴木の洋書がどこにあるかは知らない。

さて、オブリゲーションがないからといって鈴木は遊んでいたわけではない。鈴木はいつも何かをしていなければ気のすまない性分である。そっと静かに座って瞑想に耽るというようなタイプの、いわゆる学者タイプの研究者ではない。常に、動いている。鈴木は卒論「道路計画」以来のそして、観光道路の勉強をコツコツと積み重ねていたに違いない。機会には恵まれていた。「国立公園の父」である田村剛への要請は、戦後観光立国を本気で考えていた日本にあって、ますます強まっていたはずである。観光立国日本の観光の目玉は、京都・奈良等の古社寺に加え、日光、箱根などのリゾートであった。昭和二十一（一九四六）年には早くもパールとリアス式海岸の伊勢志摩が国立公園に加わり、この観光立国日本の目玉づくり、国立公園指定が、二十四年の上信越高原（浅間・白根、志賀・草津、妙高）、二十五年の秩父多摩、磐梯朝日（磐梯山・檜原湖・五色沼、朝日・飯豊）と続くのである。磐梯・朝日はともかくとしても、今日の目から見れば、上信越高原や秩父多摩はB級の、国定公園といっても良い代物である。如何に当時の我国が観光に力を入れ、いわば焦っていたのかがよく分かる。戦後直後の国立公園は自然保護のためではなく、外国人観光客を引き寄せるためのものと考えられていたのである。

　このような国策に沿って、田村は再び全国の自然風景地巡りに忙しい日々を送り、鈴木もまた、いわゆる鞄持ちとして田村とともに全国を巡っていたに違いない。なにせ、三田の言によれば、鈴木は田村教の信者であった。田村は「国立公園の父」として指定を指導し、いまだコンサルタントのない当時にあって、厚生省の唯一のコンサルタントであり、ブレーンなのであった。

　この日本全国を巡り、買い漁った洋書で勉強し、コツコツと積み上げた成果が昭和二十六（一九五一）年八月に出版された、加藤と鈴木の共著『観光道路』（日本観光協会）である。図と写真は鈴木、文章は鈴木の草稿に加藤が赤を入れたと、鈴木は言う。鈴木の処女出版である。大学を卒業して一年五ケ月、予想外に速いデヴューだった。平成十八年の秋、この当時鈴木が会長だった道路緑化保全協会を教え子の中井祐（東大土木、平成三年卒）と訪ねた折、鈴木は保存用に製本されたこの本を取り出してきて筆者に見せ、次のように語った。「これはね、フォト・エッセイなんだよ」と。フォト・エッセイなどという洒落た言葉が鈴木の口から出るとは予想もしなかった。驚いた。フォト・エッセイだってぇ…。

筆者は日本土木工業協会の機関誌『建設業界』に平成四（一九九二）年の新年号から書き始め、それらのエッセイを後に鹿島出版から『日本の水景』と題して出版（平成九年）し、また新潮社から、『土木造形家百年の仕事』（平成十一年）と題して出してもらっていた。文章は筆者、写真は三沢博昭と河合隆富である。つまりフォトはプロの写真家、エッセイは筆者という分担である。

鈴木はこの二役を処女出版で、一人でやっていたのだ。道楽でやっていた写真が仕事（本業）に繋がった瞬間だった。本文をパラパラとめくり概観すると、良い例、悪い例を撮った写真が載り、そこに簡潔なコメントが付されているという構成だった。鈴木は得意そうに、本のレイアウトも全部自分でやったのだと言った。小さい時からの写真はともかく、レイアウトや製図、図版作成の勉強はどこでやったのだろうか。恐らく洋書からの独学だったのだろう。本人の弁によれば、レイアウトは第二の写真クラブ時代に勉強したのだという。そして筆者にはこう言った。「センスがあるんですよ」。また、こうも付け加えた。弘前時代にも写真は撮り続けていたのだと。

(六)

写真道楽だったことは先に触れたが、如何に写真にのめり込んでいたかについて、よく先輩達に聞かされた伝説がある。それは演習林でもらっていた給料の全てを写真につぎ込んでいたという話である。またこれは相当後のことになる、筆者が知己を得た昭和四十年代半ばの鈴木は、いつもカメラを二台持って歩いていた。一台は出版、印刷用のモノクロのネガの入ったカメラであり、もう一台は発表、講義、講演用のカラーのポジのカメラだった。その種類もニコンの36㎜あり、ブロニカの四の五、六九の大判ありという具合だった。装備だけでいえば、もはやプロである。なるほど言われてみれば、演習林の日雇、助手で給料は余りもらっていなかっただろうとはいえ、実家住まい、独身、煙草も喫わないとくれば、カメラに全てつぎ込んでいたとしても、やれないことはなかったのかも知れない。俗にいう、金のかかる「飲む、打つ、買う」に関しては、（本当のところは分からないが）鈴木はビールを飲む程度だったのだから（近年の八十歳を越えてからのことは別にすると、筆者の記憶では鈴木はビールばかり飲んでいた。日本酒を飲んでいた記憶はない。ましてや高いウィスキーは）。

華厳の滝にて（1955）
左、鈴木、右、八十島

鈴木の写真、カメラについて、もう少し付合っていただきたい。

演習林時代、鈴木は各地の演習林に出張して、職員に写真の撮り方を講習していたという。これは本人の弁である。確かに演習林では、植林、その後の育成状態を記録する必要があったはずだから、写真の撮り方について鈴木が教えたという話は不思議な話ではない。道楽でやっていた写真は、演習林の業務の役にも立っていたのだということになる。

給料を全てカメラにつぎ込んでいたという伝説とは違う、もう一つの伝説がある。それは、良い写真を撮るためには電柱にも鈴木は登ったという伝説である。給料云々という伝説は昭和二十年代、三十年代の話なので昭和四十三年卒の筆者には分かりようもない。しかしこの電柱にも、という話は分からないでもない。それに類する光景を見た覚えがあるからだ。

ある所での、ある時のことだった。場所も時期も覚えてはいない。何かの仕事の出張先のことだったのだろう。一緒に居るのは鈴木一派の面々だったから、つまり観光か景観を専門にしている人間だったから、皆カメラは携えている。普通に、ボンヤリと風景を撮っていたのでは、人とは一味違う良い写真にはならない。皆、自分のアングルを探して右往左往するのである。電柱には登らないまでも。一人、飛び抜けて年上の、そして既に教授の鈴木もその例外ではないのだ。人よりも少しでも高い所から、少しでも対象ににじり寄って、良い写真を撮ろうと動き廻るのである。

こんな記憶がある当時の鈴木は五十歳前後だったと思う。こんな調子なら若い時は本当に電柱にも登ったかも知れん、そう思った覚えがある。

一緒に出歩いていた頃(正確にいうと仕事で出張に連れていってもらう時、あるいは課外レクリエーションで一緒の時)、鈴木はいつもカメラを携えていて、良い写真を撮ろうと狙っていた。より正確にいうと同行の人間より良い写真を撮ろうと狙っていた。だから同行の皆が、マイクロやバスで移動する時には、誰も運転手の隣や運転手の後ろの席には座ることはできなかった。その一番眺めが良く、写真の撮りやすい席は鈴木の指定席になっていたのだった。筆者もいささか年をとってきて、その頃の鈴木の年を超えた今感心するのは、移動するバスやマイクロの指定席で鈴木が居眠りするのを見たことがなかったことである。鈴木の目は良い風景を求めて、良いアングルを狙って、いつも開かれていた。

また、いつのことだったか、恐らく鈴木の東工大教授時代のことだから、昭和五十(一九七五〜八〇)年代のことだったのだと思う。鈴木の膨大なカラースライドのボックス群を見せてもらって吃驚したことがある。それらのスライドは毎年の元旦の日の東京都心を、鈴木が撮り続けてきたものだった。それを何時から始めたのか、聞いたはずだが忘れてしまった。都心の経年的な記録としても貴重な写真となるはずである。ともかく鈴木のカメラ、写真への入れ込み様は尋常なものではなかった。風景が好きで写真が好きになり、カメラに凝りはじめたのか、カメラが好きで人より良い写真をと、のめり込み、風景狂いになったのか、その後先はよく分からない。ともかく鈴木にあっては、カメラ、写真、景観は三位一体となって分ちがたく結びついているのだと思う。

(七)

『観光道路』を加藤と書いたと述べた。しかし、本の執筆に掛かりきりになっていたわけではあるまい。「忠さんはもっぱら日観連の仕事で観光診断の仕事をしていたはずだ」と三田は言う。

日観連は戦後の観光立国・日本の国策に沿って、観光診断の仕事を精力的にこなしていた。正式名称は全日本観光連盟。昭和二十一年に設立され、昭和三十四（一九五九）年には特殊法人日本観光協会に吸収され、三十九年に、社団法人日本観光協会となる。会の目的は、観光に関する制度、施策の建議、陳情であった。ここに観光振興を図ろうとする自治体から観光診断の依頼が来ていたのだ。筆者は観光についは専門ではないので、以下に述べることは多少間違っているかも知れない。観光診断という仕事は観光計画とは違う。その観光計画も都市計画とは趣を異にしている。まず後者の違いから。何故こんなことを述べるかというと、鈴木が後に熱心に説く計画の哲学（土木計画学）や施設、構造物のデザイン、風景（景観）の見方に、この若い時に取り組んだ、観光診断の内容が色濃く反映していると思われるからである。

都市計画は、人々が集まって住んでいる（集住する）土地を対象に、まず計画を行う範囲を定める。（都市計画区域という)。次にその範囲に網をかけ(ゾーニング)、地区の性格に応じて行為に制限を課す。これが都市計画の第一の柱である。最も基本になるのは用途地域制で、ここは低層の住宅地、だから工場や大規模な商業施設は立地させない。ここは商業地域だから容積率を高く設定し、都市の賑わいを誘導する、という具合に計画を定めていく。もう一本の柱は都市計画事業で、これは市町村、県、国といった公共団体が、ここに道路を通す、ここに公園を作りますといった具合に計画を定め、後にその計画に基づいて実際に道路や公園を作っていく。したがって都市計画は都市計画法という法律に基づく法定計画であり、計画としては土地という実体に密着したフィジカル(実体的な)プランなのである。

観光計画においても、都市計画と同様に、ここを観光客の溜まり場に、ここを観光の玄関口に、あるいはこの路線を走って気持のよい観光道路にといったフィジカルな計画は立てる。しかし観光計画は法律に基づいた法定計画ではないので、道路や広場などの事業の実行性を担保するものではなく、また土地に対する規制を強要することはできない。悪く言うと、こうなるといいな、というプランナーの願望計画で、絵に描いた餅に終わってしまうことも多い。

また、都市計画がもっぱら土地に密着したフィジカルプランであるのに対し、観光計画ではフィジカル以前の、全体スキームの計画が重要となる。つまり観光客をどこから、どう呼び込むのか、どう周遊させて満足感を与えるのか、観光地としての魅力を高めるためには資源(自然の風景や旧い町並)をどう見せ、またゴルフ場やスキー場などの人為的な資源をどう整備するのか、などという課題が重要な位置を占める。これに接客などのサービス、食事などの要素も加わる。つまり役所的な都市計画に比べ、より総合的な内容が求められる。そして、土地にくっついたフィジカル計画以前の、企画力、構想力が強く求められているのである。求められるのではあるが、この観光計画を立案し、実施するのは市町村などの役所ではないことが多い。地元の旅館組合や観光協会などがその推進の中心である。したがって、容易に想像できようが足並みは揃い難い、したがって「絵」が描けたところで、なかなか実行には移らない。端的に言えば誰が金を出すのか。だから大抵の観光計画は報告書止りで、計画は滅多に実現化しない。

次に観光計画と観光診断の違い。観光計画では、それが実現しないにせよ、曲がりなりにも(フィジカルに近い)絵は描く、しかし診断はそのさらに前の段階である。観光のプロが(さまざまなプロがいるのだが)、観光地を訪れて医者よろしく診断を下す。あるプロは旅館のメシがまずいと言う。また別のプロは接客の態度がなっていないと言う。さらに別のプロは交通機関の乗り換え、接続が良くないと言う、人的なサービス、飲食から人為的な施設、自然の資源に至るまで、観光地としての魅力を高めるためのさまざまな診断が下される。これが観光診断である。それらの診断を集め、総合的に、ではどうしようかと考えるのが、観光計画である。だから観光診断には体系性は薄く、計画の基礎になるものから、即物的に応用できる接客マナーに至るものがごちゃ混ぜに入っている。その診断をどう料理するのかは地元にまかされている。ここで診断するプロに期待されているのは体系性ではなく、問題点を鋭く指摘する眼力であり、地元に方向性を示唆するアイデア、企画力である。都市計画に期待されているような実現に持っていく技術力や、コツコツと積み上げる持続力やシステマティックな思考ではない。

「もっぱら観光診断をやっていた」と三田が言う仕事を、鈴木は観光連盟に居た出口一重、東京農大に居た高橋進、立教大学に居た小谷達男等とやっていた。高橋の専門は造園、小谷の専門は社会学である。三田の記憶によれば、当時の仕事は茨城県、大分県からの委託だったのではないかという。これを同時進行的にやっていた。田村の鞄持ちの国立公園の仕事も観光診断に近い仕事だったはずである。何故ならそこでも求められる能力は、国立公園の指定するに足る自然風景を見定める眼力がまず第一であり、国立公園の範囲を定める線引きにはそれなりの折衝力はいるものの、特殊な技術力やシステマティックな思考は左程必要ではないからである。

「観光道路」をまとめる一方で、二十五歳からの若き研究初動期に、もっぱら観光診断の仕事をやっていたということの意味は大きい。後に学位論文「海水浴場における集合離散」となって結実する、レクリエーションにおける人間の行動について、鈴木は地道な現地調査を行い、それらを統計的に分析する作業を行っているから、鈴木にシステム的な思考法が欠けていたということはできない。だが、鈴木の講義を聴いた学生や、直接論文等で指導を受けた教え子で鈴木がシステム指向、積み上げ型の研究者だと考える人間はいただろうか。筆者の経験からしても皆無ではないかと思う。鈴木はシステム指向ではなく、発想指向であり、積み上げ型ではなく、ひらめき型の人間である。さらに言えば、ある特定の視点から深く掘り下げていく探求型ではなく、可能な限り網羅的な視点群から現象全体をバランス良く描こうとする包括型の研究者である。鈴木にとって重要なのは全体像であって、部分の精緻さではない。「(絵を描くに当たって)目玉ばっかり、グリグリ描いてちゃ、だめなんだよ」。鈴木がよく言っていた言葉である。また、計画にあっても全体を貫く筋書きが大切なのであった。一部分のプロセスの整合性は大した問題ではないのである。

林学科、昭和三十七(一九六二)年卒の三田育雄は、鈴木の指導のもとで卒論「道路の植栽計画」を書いている。卒後大学院に残り、調査会(高速道路調査会。昭和三十一年に設立された日本道路公団の外郭団体。高速道路に関する調査、研究を専らとする)の仕事で鈴木と密に接触した。この調査会の仕事は昭和三十五年から始まり、その内容は名神高速道路のサービスエリアやインターチェンジの植栽のためのモデルプランづくりだったという。鈴木をリーダーとするメンバーには、前述の昭和二十六年卒の塩田に三田、三田と林学同期の小島道雅、後に建築に転向する仲健三が加わっていた。さらに三田は後に東工大時代の鈴木研究室の委託研究にも参画し、後述するように観光計画のコンサルタント、ラック計画研究所を主宰することになる。

調査会の仕事は昭和三十年代後半のことだから、もっぱら観光診断をやっていた昭和二十年代後半、三十年代前半と同日に議論することはできないかもしれない。しかし、観光診断の仕事で鍛えられ、方向づけられた鈴木の方法論が反映していたということはできよう。対象は観光地や国立公園から高速道路に変化していたとは言え。

昭和三十六、七年当時の鈴木は、三田の眼にはどう映っていたのか。「思いつき、システマティックではない」。それが当時の鈴木の印象であり、「最後（のまとめ）は塩田さん」だったと言う。三田は造園出身には珍しく(失礼)、システム思考の人間である。絵は描けるし、後に紹介するようにアメリカの造園事務所でデザインの修行もしている。いわゆる、当時の日本には珍しいランドスケープ・アーキテクトであった。にもかかわらず、三田が重きを置いたのは論理に基礎を持つプランニングだった。三田が主宰するラックは昭和五十年、当時においては類書のない観光計画の書籍、『観光・レクリエーション計画論』(技報堂出版)を出版する。

このようなシステム志向型人間、三田の印象だから鈴木に対する評価が辛くなるのもやむを得ないかもしれない。しかし、三田が昭和四十年代の東工大鈴木研の委託仕事で「やりにくかった」と言うように、鈴木のもとで仕事をやり、それなりにうまく収めることのできた教え子はどの程度いただろうか。鈴木の発想は飛び、次から次に新しいアイデアが呈示される。これは有名なエピソードなのだが、ある時学生が鈴木に次のように抗議した。「先生、昨日言ったことと違うじゃないですか」。その時の鈴木の答え、「人間は（たった一日の間でも）進歩するんだ」。これではたまったものではない。レポートを書くにせよ、プランを作るにせよ。最終形に持っていくための積み上げができないからである。

しかし、昨日とは違ったことを言っている（ように見える）鈴木の今日の言葉は、鈴木の頭の中では昨日と矛盾なくつながっているのである。それが分からないのは鈴木に言わせれば、受け手の「アンテナ」が悪いのである。つまり、鈴木と一緒に仕事をやっていくためには、脈絡のない（と思われる）鈴木の言葉、アイデア、方針指示を、受け手の方が自らの思考によって再構成し、論理立て（これは難しい作業である）、さらにはそれを鈴木が納得する形で、鈴木に呈示、説明する必要があるのだ（これは本当に難しい）。鈴木がうまく説明できなかったことを、鈴木に替わって説明しなければならないのである。

このような困難な論理構築を誰がなし得ただろうか。今、そういう観点で鈴木の弟子達を振り返ってみると、ここまで書いてきた三田、景観の一番弟子中村良夫、鈴木の本流、観光で鈴木の秘蔵子故渡辺貴介（東大都市工、昭和四十一年卒）といったところだろうか。前述の論理再構築のできない、「アンテナ」の悪い弟子に鈴木はイライラし、雷を落とす。一言、言っておくと、普通にいう秀才は、鈴木の要求には応えられない。

（八）

鈴木のスタイルを巡っていささか先に行きすぎた。昭和二十年代に戻ろう。鈴木は余り論文や本を書かない。昭和四十年代以降の弟子は、とりわけ五十年代以降の鈴木しか知らない弟子たちは、鈴木は「弁」の人であって「筆」の人ではないと思っている。昭和四十三年卒の筆者もその一人であった。しかし今振り返ってみると、演習林時代の鈴木は、結構本を書いていることが分かる。昭和二十八（一九五三）年には『観光道路』に続いて、『海水浴場の計画』（全日本観光連盟）を出し、昭和三十二年には理工図書から『自動車道路の休泊施設』を、さらに三十六年には『観光開発をどう考えるか』を日本観光協会から出版している。いわゆる学者のペーパー（査読付きの学界の学術論文）はほとんどないものの。そして特徴的な点は、これらの本は、全てが類書のないユニークなテーマの本であったことである。これらの本を見る限り、鈴木は既存のある体系、たとえば水理学や応用力学の体系の上に乗って論文を書くタイプではなく、荒削りではあっても新しい体系を創り出そうとするタイプの学者であった。

演習林時代の鈴木は、昭和二十五（一九五〇）年九月に助手にしてもらったとはいえ、林学科の中では正式の講座に属さない、いわばまま子であったから、教授や助教授が上にはいない孤立した存在だった。だからここまで書いてきたように、好き勝手にやれてきたのだった。しかし講座に属していないのだから、助教授に昇進する可能性もほとんどゼロに近かったはずである。また、助手というポストは国家公務員だから、一方的にクビにされるという恐れはなかったにせよ、いつまでも大学卒というキャリアからして、万年助手として居座れるポストでもなかったはずである（高卒等の職員や技官が教育職の助手に昇任し、定年を迎えるというケースはいくらでもあった）。

鈴木はこの辺りの事情、つまり自分の行き先についてどう考えていたのだろうか。いつ頃のことか正確な時期は分からないが、鈴木は演習林の中で次のように公言していたという。「不用になったらいつでも言ってください。コンサルタントをやりますから」と。これは極めて度胸のある発言のように見える。しかし、恐らく昭和三十年代に入った頃の、昇進の見込のない鈴木の発言としては必然の発言だったのだということもできる。鈴木は演習林に来た昭和二十四年の時点で、既に土木卒エリートとしての鈴木とは決別している。次に田村の鞄持ちとして全国を巡り、国立公園関係のコンサルタント的な仕事をこなしてきた。さらには、日観連、日観協の観光地診断のキャリアを積んでいた。これらの実績に乗れば、大学を辞めることになっても、充分、一人なら(ここが大事なのだが)食っていけると踏んでいたのではなかろうか。少なくとも昭和三十年前後には、観光に関する調査・研究を行えるのは、現在においても(財)交通公社を別にすれば、コンサルタントは皆無に近く、三十年当時においては鈴木の独壇場だったのだから。

鈴木は演習林助手時代に何人かの卒論の面倒を見た。昭和三十年卒の故奈良繁雄、三十四年卒の桜沢満寿、三十五年卒の馬淵規行、三十六年卒の堺博信などである。奈良の学部は北大だから、「森林風致計画研究室二十五年の歩み』にリストされておらず、卒論のタイトルは分からない。桜沢以下は各々、「自然保護—国立公園制度との関連とその発展」、「苑地計画の基礎的研究—草津を例にした観光集落における諸要因の相関に就いて」となっている。これらの卒論生の内、鈴木の弟子になったのは奈良で、日観協に就職して観光の仕事をライフワークとすることになる。

次章で述べるように、鈴木は昭和三十六(一九六一)年七月に演習林を去って土木に移ることになるので、鈴木の林学における正式の弟子は昭和三十六年卒までである。しかし、この移動の端境期にあって、自身もそう思い、鈴木もそう考えている弟子達がいる。正式の指導教官は鈴木の後を継いだ塩田敏志であったにもかかわらず。それらの人物は前述の昭和三十七年卒の三田(「道路の植栽計画」)、三十九年卒の橋本善太郎(「レクリエーション交通の解析」)、四十一年卒の前田豪(「観光資源考察」)である。土木に去った後にもなお、若い研究者の卵を鼓舞(アジテート)する鈴木の威力(魅力)は衰えなかったということであろう。

こういう激動の日々を送りつつも、鈴木は歌舞伎などの鑑賞会を企画し、「忠さん、忠さん」と呼ばれて職員に親しまれたという。鈴木によれば、この歌舞伎鑑賞会で八十島夫妻に会ったという。いつの年のことかは分からない。独力で観光という分野を切り拓き、それなりの実績を残し、人に恵まれて過ごした演習林の日々は、鈴木にとって戦争で失われた青春を取り戻した、楽しい日々であったろう。

注

一　ドイツに範をとった造林学、森林経理の大家。景園学（造園学）の講義を大正三（一九一四）年に行う。田村剛はその門下生。蓄財の啓蒙家としても知られた。

二　厳島、天橋立、松島は室町時代には日本三景として知られていたという。一方の八景式は中国の瀟湘八景に範をとった風景の鑑賞法である。我国では、近江八景、金沢八景（横浜）が著名。

三　江山正美は農大造園の教授。東大林業科卒。

六章　土木工学科専任講師

（一）

「私は土木へ行きますから」。ある日突然、三田は鈴木からこう告げられた。昭和三十六（一九六一）年のことだったという。この言の通り、三十六年七月、鈴木は十二年三ヶ月の長きに渡って在籍した林学科演習林に別れを告げ、専任講師として土木工学科に着任する。本郷の弥生キャンパスから、ドーバー海峡と俗称される春日通りを越えて、本郷の本郷キャンパスに移ったのだった。鈴木は土木出身ではあるが卒業したのは西千葉にあった第二である。本郷には縁もゆかりもなかった。キャンパスにも通ったことはなかったし、本郷の第一の先生の講義を受けたこともなかった。もちろん卒論の指導を仰いだこともない。鈴木が出た第二工学部は昭和二十六年三月の卒業生をもって閉学し、東京大学付属生産技術研究所に衣替えしていた。この生研に呼ばれたのなら話は分かる。そこにはかつての恩師、星埜和他の顔見知りの教官が居たのだから。

何故に本郷だったのだろうか。この人事の直接の責任者は、当時本郷の土木で交通研究室を主宰していた教授、故八十島義之助である。卒年は昭和十六（一九四一）年十二月、普通なら十七年三月卒となるのだが、戦時下の三ヶ月短縮繰り上げ卒業だった。

もちろん鈴木が居なければ今日の土木ベースの景観グループは存在しえないのだが、八十島が鈴木を土木に戻さなければ、鈴木が考えていた新分野、観光や景観がその後どうなったのか。予測することははなはだ困難である。恐らく最も可能性が高かったのは、造林学の居候だった造園学教室の細い流れとして続き、加えて民間の観光コンサルタントとして今日に至っていたのではないかと思う。

当然のことながら土木の分野には景観をやる者はなく、大学にもそのような研究者が生まれることはなかったろう。鈴木個人についていえば、コンサルタントを興して社長に収まっていたのではないか。つまり、鈴木が観光や景観の生みの親だったとすれば、八十島は育ての親であったということができるのである。それ程に八十島という人間の存在は大きく、景観の将来にとって、八十島の鈴木の土木招聘は決定的な出来事であったということができる。では八十島とはどういう人間だったのか。それを振り返らねばならない。

（二）

八十島義之助は大正八（一九一九）年八月二十七日、東京に生まれた。したがって年齢では大正十三年九月二十日生まれの鈴木の五歳年上ということになる。大学の卒年は前述のように昭和十六（一九四一）年十二月。鈴木の卒年は昭和二十四年だから、工学部と第二工学部の違いこそあれ、土木では七年先輩ということになる。

八十島の祖父は宇和島伊達藩の家臣で、維新時には家老だったという。以下の記述は、長らく土木学会に勤め、八十島と親しく付合い、家にもよく出入りしていた河村忠男の述べるところによる。

八十島の祖父は品行方正、学術優秀を見込まれて、幕末の動乱期に家老に抜擢されたのだという。そして後に渋沢栄一の第一の番頭となり、女出入りを捌いていたという。渋沢とどのようにして関係ができたのかは不明である。これは八十島自身の弁だが、父は明治二十(一八八七〜九六)年代に上京、東京高商(現一橋大学)を出て渋沢栄一事務所に勤めたという。父(八十島の祖父)の関係でそうなったのだろう。八十島によれば長兄は第一勧銀を経て渋沢倉庫、次兄はセメント会社を経てホテル関係の仕事、その次が札幌医大の教授、私が一番下です、となる。

明治の時代にあって、近代化、商工業振興の大立て者だった渋沢栄一、それを引き継ぐ渋沢家と深くつながった家系の出身だったことが分かる。その父は八十島の誕生半年で病没したという。したがって八十島には父の記憶はない。実は鈴木の父、伝吉も鈴木が小学校一年の時に亡っているから(「酒で早死したんだよ」と鈴木は言う)、鈴木も父の記憶は薄い。八十島、鈴木ともに母親っ子だったということになる。

河村によれば八十島の実家(つまり父の家)は今の芝の都ホテルの駐車場になっている所にあったのだという。これはかつて八十島自身が河村に語ったことである。大磯には別荘があり、よく遊びに行ったものだとも語った。これはどうでもよいことだろうが、八十島は後妻の子だったと河村は言う。八十島が河村に語ったのだろうか。第一勧銀に行った長兄は建築家で、別荘を買っては売却し、を繰り返すのが趣味だったという。

と、ここまで書いてくれば、八十島の家系がどういうものだったかは分かろう。いわゆる幕末、明治以来の上流階級に属する。鉄工場の鈴木の家とは全く異なる筋の家系である。これを裏付けるような八十島の学歴。幼稚園は東京女子高等師範（現お茶の水女子大学）付属、小学校は慶応義塾幼稚舎、旧制の中・高は一貫教育の府立高等学校、東京帝国大学工学部土木工学科昭和十四年四月入学。中学飛び級の大学入学組であった。

八十島は卒後直ちに、つまり十七年一月に常勤（専任）講師となる。当時の土木の第一（筆頭）講座、鉄道工学教授、山崎匡輔に残れと言われたのだと、八十島は述べている。八十島は卒論の指導教官だった応用力学の最上武雄に相談に行った。最上は昭和九年卒、八十島の八年先輩に当たる。最上は後に土質工学の分野を開拓し、土木では（文系の書物の）読書量随一といわれた学究肌の助教授、教養人だった。最上は、「それは君、残った方がいいだろう」と言った。それでもなお、八十島は以前からの知り合いの土木の大先輩に聞きに行った。この辺の行動には八十島の慎重な性格がよく現れている。その大先輩は、次のように忠告したという。戦前の東大土木というものがよく表れている話なので紹介する。「それはよく考えた方がいい。もし十年働いてあと遊んで暮したければ満鉄（国策会社の南満州鉄道）に行け。二十年働いてあと遊んで暮すつもりなら鉄道省に行け。一生働く覚悟なら大学に残れ」と。

こういう経緯で八十島は大学（鉄道工学講座）に残り、十七年一月には軍に引っぱられ（陸軍技術研究候補生で兵器学校入学）、四月には陸軍中尉（技術部）、二十年四月には技術大尉となって敗戦を迎えるのである。八十島に大学に残るよう言った山崎はしばらくして定年退官し、後任には鉄道省から西千葉の第二に併任（教授）で来ていた沼田政矩が着任した。昭和二十年九月、八十島は東大に復帰し、二十二年には助教授に昇任する。そして昭和三十年、沼田の後を継いで教授となるのである。この時八十島三十五歳であった。順調に育った東大土木のエリート教官と言ってよい。専門は鉄道工学と、沼田と相談して始めたという交通計画である。鈴木の証言によれば、沼田は第二の教授時代から計画が大事だと講義で言っていたという。専門がゴリゴリの鉄道工学であるにもかかわらず。

（三）

ここまで触れなかったが、実は八十島は筆者の卒論の指導教官でもある。筆者が駒場の教養学部から本郷の専門への進路に悩んでいた頃、それは昭和四十（一九六五）年の春から夏にかけてのことになるが、八十島は既に土木という専門の枠を越えて、社会的にも著名だった。交通の問題や国土計画に関する事柄で度々マスコミに登場していた。土木にしようか都市工にしようかと悩んだ末、筆者は八十島に魅かれて土木に進学したのだった。

ここでいささか脇道に逸れるが、新制東大における専門の選び方について書いておかねばならない。それは後に触れることになる鈴木の景観の一番弟子中村良夫と鈴木の出会いに係わることでもある。

旧制の学制では、三年の旧制高等学校を終了した生徒は、大学入学時に専門を選ぶシステムとなっていた。八十島は府立高校を終えて、鈴木は弘前高校を終えて、東大の「土木」に入学したのである。学制が新制に切り替わった時点で、大学の年限は旧制の三年から四年となり、旧制高校で行われていた教養的科目を大学で引き受けることになる。これは恐らく占領軍アメリカの影響だろうが、リベラルアーツを重視する方針が打ち出されたのである。いずれの専門にも属さない、語学や歴史、哲学などが大学で講義されることになったのだ。これらの科目を教える教官のために、各大学には教養「学部」が設置された。

にもかかわらず、入試のスタイルは大まかにいうと、二様に別れた。ほとんどの大学では、旧制の時と同じように入学時に専門を選ばせるスタイルを採った。その専門の一年二年という大学前半に教養科目が用意され、語学などの講義が行われる。しかし一部の大学では入学の時点では専門を決めず、二年あるいは三年の時点で専門に振り分けるというスタイルが採られた。その典型が東大である。東大の入試は科類単位で行われる(現在でも)。その枠は文科がⅠ類からⅢ類、理科もⅠ類からⅢ類となっている(当初はⅠ、Ⅱ類)。これが大まかな専門分けで、文Ⅰは法学系、文Ⅱが経済系、文Ⅲは人文・社会系である。将来弁護士やエリート官僚になろうと考える学生は文Ⅰを受ける。文学や心理学をやろうとする者は文Ⅲを選ぶ。理科も同様に、理Ⅰが物理、化学系、理Ⅱが生物系、理Ⅲが医学系である。物理学や数学、あるいは工学の電気や機械をやろうと考える学生は理Ⅰ、生物学や農学系の学科に進もうとする者は理Ⅱ、医者になろうは理Ⅲとなる。入学した学生は全員が駒場にある教養学部に属するのである。ここで二年までを過ごす。

では専門への進学の振り分けはどうしているのかというと、文Ⅰはほぼ全員が法学部、文Ⅱもまたほぼ全員が経済学部へ行くので問題はない。理Ⅲも同様、医学部へ行く。文Ⅲからの進学先は細かくわかれている。同じく文学部へ進学するといっても、日本文学、仏文学、インド哲学、美学ありといった具合である。理Ⅰ、理Ⅱも同様、理学部の物理、化学あり、工学部の機械、航空あり、農学部の農化、林学、水産ありといった具合になっている。これらの各学科には定員があり(当たり前だが)、全員が自分の希望する所へ行けるわけではない。駒場から本郷の専門への振り分けは、教養学部時代の成績で決められるのである。だから人気のある学科に進学しようと考える学生は、点を稼ぐために必死に勉強する。大学の入試に加えて、二度目の入試があるのだと言ってもよい。文Ⅲ、理Ⅰ、Ⅱの学生には。

さて、八十島に魅かれて土木に進学したのに、八十島の交通計画の講義は休講が多かった。社会的需要、いやより正確にいうと、官公庁の需要が多かったのだ。今や合併して国土交通省の鉄道局となっているが、その前身の運輸省鉄道局と建設省道路局は仲が良いとは言えなかった。そしてこの運輸省の鉄道と旧国鉄も仲が良いとはお世辞にも言えなかった。行政上の位置づけはもちろん運輸省が監督官庁ゆえに上なのだが、国鉄には鉄道省以来の伝統を引き継いでいるのは我々だという意識があり、事実、国鉄の方が技術レベルはずっと上だったからである。

交通計画のイニシアティブを巡って、また国土の幹線交通路網の整備を巡って、この三者は事あるごとに対立していた。その調整ができるのは、鉄道工学から出発して交通計画を専門とする「東大教授」八十島以外に人はいなかったのだ。八十島は建設省、運輸省、国鉄以外の、国土庁が所轄する全国総合開発計画にも深く関与し、計画部会長を経て、最後には大学人としては異例の(普通は財界人)国土開発審議会の会長も務めている。

八十島は山崎から大学に残るように命ぜられた時、「教育には自信がないが、研究ならできるかも知れない」と思って決断したという。しかし直接的に教えを受けた筆者の目からすると、八十島の本領は、いわゆる研究にあったのではなかった。鉄道と道路の仲を取り持って、何とか収めるという調整能力であり、バランス感覚の良さであった。それがまず第一である。その二は、相手の言いたいことを即座に理解する理解力であり、頭の良さであった。数少ない機会しかなかったが、卒論の指導の折のことで、今でも鮮明に覚えているシーンがある。当方が説明し、八十島がうなづいている場面である。その席上に「後程」と言えない人物から電話が掛かってくる。仕方がないから秘書がそれを取り次ぐ。八十島はその電話に出て応答し、用件を終えて電話を置く。こちらに向き直った八十島は、「さて、何だっけ」とも言わず、電話前の議論にスッと戻って議論を続けるのである。この人の頭の切り替えはどうなっているのだろうと思ったものだった。

また、八十島は紳士であり、常に温厚だった。八十島が怒っているところを見たことがない。これは衆目の一致するところだと思う。以下は後年のことになるが、また八十島の別の一面を見た。それは昭和五十四（一九七九）年のことだった。当時林学科の助手だった筆者は、八十島の前に座り、学位論文主査のお願いをし、続いて論文の要旨を説明していた。八十島も既に六十歳を過ぎ、定年を翌五十五年三月に控えていた。八十島はやおら手帳を取り出し、工学の学位論文が備える条件を細かく、かつていねいに筆者に説きはじめた。全部で七ヶ条だったろうか、八ヶ条だったのだろうか。この人は随分と細かい人なのだ、とその時初めて思った。そう、八十島は細かいことに気のつく（細かいことを気にする）、細心の人なのでもあった。

これは余談だが、筆者の女房は昭和四十三年に八十島の秘書だった。最も記憶に残っている八十島の癖は、親指の爪を掘る動作だったと言う。そう言われて、後年のことになるが、八十島の親指を注意してみると、その親指は確かに真黒だった。

（四）

八十島が鈴木を土木に呼び戻す、そのきっかけになったのは、工学部に都市工学科を創設しようとする動きである。明治に東大ができた当初から昭和三十年代に至るまで、都市に実務的に関与する学科は、工学部の土木、建築に加えて農学部の農業生物（園芸）学科だった。土木は区画整理、都市計画道路、橋等、建築は用途指定、建築規制等、農生は公園緑地等で係わる。しかしこれらのいずれの学科においても都市計画の分野は亜流だった。土木では鉄道、河川が本流であり、昭和三十年代に入って（都市間）道路が本流となりつつあった。土木出身で都市計画に身を投じ、首都高の計画、都市計画決定に携わり、最後に首都高の理事長になった山田正男（昭和十二年卒）の証言によれば、土木では都市計画の人間は「人非人」

扱いだったという。それ程ではなかったにせよ、建築においても当然のことながら、本流は建築単体であり、その中でも意匠（デザイン）と建築構造が主流となっていた。農生においても、主流は園芸における植物改良であり、公園は傍流なのであった。

つまり、都市を、特に都市計画を担う専門の学科はなく、それは明治以来の政府の都市に対する関心の薄さの反映でもあったのだ。政府にとっては国土のインフラ（鉄道、河川）が大切なのであり、時に壮麗な建物が求められていたのであり、農業生産が殖産興業の面から重要なのであった。

政治的ないきさつは知らない。ともかく昭和三十年代も半ばにさしかかるこの頃になって、都市を専門的に扱う学科の構想が浮上してきたのである。この動きを受けての当初の構想には二つの流れがあったという。その一は、建築が中心となった計画系の都市「計画」学科であり、その二は土木の上下水道の分野による都市「衛生」工学科（ともに仮称）であった。この二つの流れが融合して（妥協して）、都市「工学」科設立の流れとなるのである（この経緯を反映して、都市工学科は当初、講座数五の都市計画コースと、講座数三の都市衛生コースに分かれ、前述した駒場からの進振においても受け入れは別々となっている）。

この都市工学科構想の中心に据えられたのが、建築の高山英華（昭和四（一九二九）年卒、都市計画の大御所）と丹下健三（昭和十三年卒、紹介するまでもない戦後モダニズム建築の代表選手）に、土木の八十島（昭和十六年十二月卒）の三人だった。高山のみが他の二人より一世代上だが、三人ともに此界ではよく知られた存在だった。最も若い八十島は一寸違うにしても、口の悪い人間からは名誉教授と呼ばれていたという（ちなみに名誉教授とは、東大の場合、六十歳の定年退官後に与えられる肩書きである）。

三人ともに社会的には売れっ子であり、したがって忙しい。学科創設のための膨大な資料作り、講座編成のための調整、教授、助教授の人選、カリキュラム作り等、やらなければならない仕事は無限にある。

そしてこの点が最も重要なのだが、誰が実質的に講義と設計演習を担うのか。「名誉」教授の下に実質的に動ける人間がいなければ、都市工は機能しない。高山、丹下には人材がいた。高山の下には教え子の川上秀光、丹下の下には大谷幸夫。大谷は丹下の前の世代のモダニズム建築の開祖、前川國男（昭和三（一九二八）年建築卒）の事務所に行きたかったのだが、前川に勧められて丹下研究室に入っていた。だから大谷も丹下の教え子。川上、昭和二十九年建築卒。大谷、昭和二十一年、第一工学部の建築卒。しかし八十島には、都市交通分野の後継者はまだ育っていなかったのである。

（五）

このような場合に、誰を持ってくるかは難しい問題である。

高山も丹下も都市工ができれば、各々川上、大谷を引き連れて建築を出る。そして、事実そうなった。八十島も土木を出て都市工に移り、移った自分の下に助教授として誰かを据える予定だった（そうならなかったことは後述する）。だから最悪の場合、その誰かの専門は交通ではなくともよい。都市工は土木ではないのだから。ただし元来の専門だった鉄道工学の人間を据えるわけにはいかない。八十島が交通を担当すればよいのだから。普通に考えれば交通の人物を据えるのが穏当だろう。加藤のところで前述したように、講座制のもとでは、それが研究・教育の継続性を担保する途なのだから。そう考えると、既に交通を専門としている人間を、他所から持ってこなければならない。そしてこの時点での他所とは、京大を筆頭とする他大学か、交通の実務を担当している役所、つまり建設省や東京都ということになる。

八十島は悩んだと思う。そして誰に相談したのだろうか。先にこの時点でという時点は昭和三十五年の夏から翌三十六年の春だったはずである。この時点は都市工設置の年から逆算できる。都市工一期生の卒年は昭和四十一（一九六六）年三月、その一期生が大学に入学する年は昭和三十七年の四月である。だからこの昭和三十七年四月の時点で都市工は設置されていなければならない。予算、教官陣は、学年進行といって、昭和三十七年入学の学生が進級していくのに従って、付いていくのである。ということで、教官の大半は昭和三十七年四月までには、教授会の投票を経て決まっていなければならない。したがって八十島があれこれと考えていた、この時点とは、前述の昭和三十五年の夏から翌三十六年の春になるのである。

当時の本郷土木の教授陣は、最上武雄（土質）、本間仁（水理）、国分正胤（コンクリート）、平井敦（橋梁）、奥村敏恵（応力）らであった。八十島の卒論の指導教官だった最上には相談したのではないかと思う。同級生だった奥村にも話はしたかもしれない。八十島は前述のように、人当たりの良い性格だった。しかし極めて慎重な性格でもあった。下町育ちや職人のように、大事なことをベラベラ喋ったりはしない。それは育ちの良い家系からきたのかもしれない。当時の交通研の技官、大島孝二に電話で鈴木が土木にきたいきさつを尋ねた。平成十八年の或る日のことである。大島は昭和七（一九三二）年生まれ、中央大学の夜間を出て、昭和三十二（一九五七）年十月、学生のまま東大に就職した。それから定年まで土木、交通研の技官を勤めた。だから交通研の、そして八十島の公務の生き字引であるといっても良い。大島は鈴木のことは、赴任するまで知らなかったと言う。これは鈴木が都市工に出た後に引っぱってきた松本嘉司の時も同じだったと証言した。大島によれば、八十島は人事に関しては一切自ら語ることはしなかったという。他人から言わせるのを常としたともいう。恐ろしく口は堅く、自らが言い出して、ゴリ押しするようなことはしなかったのだ。

（六）

これは後日のことになるが、八十島は結局都市工には行かず、土木に残ることになる（これはその後の土木の発展にとって大きかった。八十島が抜ければ土木は橋やコンクリート、水理などの、いわゆるハードの分野ばかりになり、今日の土木に見るような、交通、地域・測量、景観、建設マネジメントのソフト系四研究室体制が整うことにはならなかったろう。また、土木で景観をやる人材も育たなかったはずである）。八十島は自分の身替わりに、当時建設省にいた一級下（年齢は一歳上、昭和十七（一九四二）年九月卒の井上孝を指名した。そして、その井上は新制東大第一期の昭和二十八年卒の新谷《にいたに》洋二を助教授として、同じ建設省から連れていったのである。

こういう経緯を知ると、八十島が新谷を指名していたとしてもおかしくはなかった。八十島と新谷は十一歳違いで、五歳しか違わない鈴木よりも年齢的には教授、助教授のバランスが取れていたはずである。もちろん、人選は新谷でなくともよい。建設省や都で交通をやっている人物ならよいはずである。思い切って京都大学で交通をやっていた米谷栄二門下の中堅、若手でもよかったはずである。

結局のところ、八十島には、誰もがこれという人物には見えなかったのだ。鈴木を採って、交通畑の人物は採らなかったのだから。

前述したように、もともと八十島と鈴木の間には交流のチャンネルはなかった。八十島は昭和十六（一九四一）年十二月卒、昭和二十年九月から第一工学部土木（本郷）の教官。鈴木は昭和二十年四月から第二工学部土木（西千葉）の学生、卒年は昭和二十四年三月。八十島は、第二の教授だった福田武雄の弁によれば本郷の教官にしては珍しく、時々は第二に顔を出していたという。だから顔位は知っていたかも知れない。それにしても、鈴木は八十島の講義を受けていたわけもなく、八十島にしても鈴木に特に目をかけていたという事実はない。教師と教え子という関係ではなかったのである。

二人の結びつきは別の方からやってきた。それは東大の運動部系の部活を総括する東京大学運動会だった。一般に運動部での活動を通じて、先輩、後輩は強い絆で結ばれる。運動部では合宿することが当然だから、いわゆる同じ釜の飯を食う仲となるからだ。生涯を通じての仲となることもまれではない。運動部は濃密な人間関係を作り出す。

八十島は自身が述べるように、スポーツマンタイプの青年だった。八十島の父は結核だったという。だから八十島がスキーや旅行をしたいと言うと、母は積極的に賛成してくれたという。大学ではアイスホッケー部に属していたが、ラグビーの試合などにもかり出されていたという。昭和五十五（一九八〇）年の退官時には運動会の理事長を務めていた。鈴木をスカウトする時期には総務担当だった。この運動会の人脈を通じて、八十島は鈴木を土木へ、さらには都市工へ導く人物と既に知り合いだった。鈴木の身柄を引き受け、演習林のポストに据えた加藤誠平はスキー山岳部の部長だった。だから八十島と加藤は以前からの知り合いの仲だったはずである。さらに八十島、加藤のつながりは、その前からの因縁も持っていた。加藤は林学出身だったが、橋の勉強のために土木の山口昇に師事していたのである。その山口もスキー山岳部であった。むしろその縁で加藤は山口を頼ったのだろう。もちろん八十島は土木の先輩教授山口を知っていた。昭和二十三（一九四八）年に退官する山口は、八十島が土木教室の教官に復帰した昭和二十年秋の時点で、長老教授として席を同じくしていたのだから。

第二だから本郷とは違うが、「僕の所には君の所（土木）出身の面白い奴がいるよ」と加藤は八十島に告げていたはずである。「面白い」と言ったか、「変わり者」と言ったか、それは定かではないが。八十島がスカウトの前に、直接鈴木に頻繁に会っていたとは考え難いが、鈴木の言動については加藤から聞かされていて、その人柄も含めよく知っていたに違いない。

八十島はサッカー部出身の高山英華とも知り合いだった。都市工設立の中心人物だった、この高山もまた、鈴木を既に知っていた。鈴木が在学中に最も影響を受けた人物は加藤だった。その加藤は第二に非常勤として造園を教えに来ていた。ただし土木にではなく、建築に。同じように第一の本郷の建築に非常勤で行っていたのが田村剛だった。以上のことは先に書いた。

鈴木が演習林の助手になると、当然のことながら造園関係の非常勤の世話は鈴木の所へ廻ってくることになる。鈴木は足の悪い田村に付き添って、本郷の建築教室に出入りするようになる。建築側の世話役は意匠の岸田日出力だった。鈴木は第二の土木出身で、林学の助手になっている風変わりな人物として建築教室の教官達にはよく知られていたのである。もちろんボス格の高山にも。そしてその高山は、建築では例外的に、第二で教えていたのである。おそらく在学中の鈴木のことは、学科が違うゆえに知らなかったろう。しかし、自身がかつて教えていた第二の出身であることには親近感を抱いたはずである。つまり、都市工の話が起こるずっと以前から、鈴木は都市工創設の中心人物、高山に面識を得ていたのだった。

鈴木は一度、就職の件で八十島に相談に行ったことがあるという。某大学から声が掛かり（某役場という説もある）、どうしたものかと相談に行ったのだった。また、別の折には、「道路公団に行きたい」と言ったという。八十島の答えは、いつも、しばらく待てというものだった。八十島が待てと言ったのは都市工のことが頭にあったのに違いなく、だからその時期は昭和三十六年の年初から春にかけての頃だったに違いない。八十島の心は鈴木に傾き、鈴木に固まりつつあった。

(七)

では、冷静に考えて、八十島は鈴木のどこを買ったのだろうか。先に述べたように、八十島は自分も都市工に移るつもりだったのだから、人に推挙して終わりという人事ではなかった。自分の下の助教授である。これは真剣にならざるを得ない。本当に人物を見込み、学問的な業績の将来に見通しが持てなければ、雇う理由《わけ》にはいかない人事だったはずである。

以下に教え子、友人達の判断を紹介する。土木学会に居た河村の弁、「八十さん(八十島の愛称)は忠さん(鈴木)を中継ぎとは考えていなかったと思う」。これには解説が必要だろう。先のことにはなるが、八十島は鈴木を土木から都市工に送り出した後。国鉄から構設(構造物設計事務所。鉄道施設の特殊構造物の設計を一手に引き受ける土木のプロ集団、頭脳の部署)から、鉄道工学の松本嘉司を持ってきて助教授に据える。この人事を見て、鈴木は中継ぎで、本命は松本だったのだという見方が一般化する。しかしこれは結果から遡っての俗説である。当初は八十島自身も配下の助教授を引き連れて、都市工に移るつもりだったのだから。だから河村の判断は的を射ている。

その河村は、八十島は忠さんの人柄にほれ、下町(これは違うのだが)育ちの言動に将来を見たのではないか、と言う。つまり人柄の点では共通し、一方で山の手育ちの自分にはない面に魅力を感じたのだろうというわけだ。

林学時代の教え子(卒論の指導教官)だった三田育雄の弁。「当時、都市工の話はなかったと思う」。これは誤りであろう。鈴木を土木の交通研の助教授に据えて、自分も土木でそのままやっていくというのでは、土木教室で話は通らなかったはずである。何せ、交通計画すらもが、コンクリートや水理学の教授から見れば学問として何やら胡散臭く思われていた時代である。観光などとんでもない、という話だったに違いない。観光は都市工に行くから許せたのである。三田は、八十島は新しいことをやりたかった。だから鈴木だったのではないかと言う。しかし、これも説得力は今一つであろう。新しいことなら、自身が鉄道工学から交通計画を始めたばかりであり、さらに観光をと、積極的に考えたとは考え難い。八十島は慎重派の人間であって、新しいものに闇雲に飛びつき、自身の領土を拡げようとするタイプの人物ではなかった。

大島の証言にもあったように、八十島は人事に関しては極めて口の堅い男であった。だから、八十島が何故鈴木を土木に引っぱったのかを人に語ったことはないと思われる。仮に鈴木本人に当時のことを直裁に聞いても、そしてまた仮に鈴木がこうだったと証言したとしても、それが八十島の思いであったかどうかは分からない。最も肝心なこと、八十島が何故鈴木を選んだのか、それはよく分からないのである。

八十島本人が既に亡く、また当時の事情を知る人物が鬼籍に入っている現在となっては、関係者の証言、推測を聴くという正攻法は諦めざるを得ない。以下では、八十島が行った直近の人事を参考に、脇道からこの問題を攻めてみよう。

八十島が行った直近の、つまり配下の人事は、鈴木、鈴木の後の松本（助教授）、松本の直前（昭和四十（一九六五）年、四月の中村良夫（助手）、一時期併任していた東工大・土木の自身の後任の菅原操（教授）、定年退官後に移った埼玉大学の窪田陽一（助手）のみである。ここから面白い事実が浮かび上がる。鉄道工学あるいは交通計画の後を託す場合には、国鉄から人材を引っぱってくる。松本、菅原がこれに該当する。そしてもう一方の人材は中村、窪田ともに土木の教え子であり、かつ景観を専門とする。そしてこの四人の全てに共通するのが、秀才タイプだということである。

では鉄道、交通はともかくとして、助手には何故景観の人間を選んだのだろうか。一つには本流の鉄道、交通の後継者は既に選んであるという安心感を持ちえたからだろう。東大土木は松本、東工大土木は菅原という具合に。しかしもちろんそれだけでは説明はできない。何故助手は景観なのか。鍵となるのは、八十島が普通の土木の教官とはひと味違う教養人だったことだろう。話題は世界地理や、(直接に聴いたことはないが)文学、音楽にまで広がる。八十島は教養人を手元に置きたかったのではないか。交通のことのみしか語れない人間よりも、幅の広い景観を専門とする人間を。こういう見方をすると、中村、窪田(中村の弟子)の人選は容易に納得がいくのである。八十島が、そういう意味での教養人だったことは、土木教室における八十島の最大の支援者が最上武雄であったことでも傍証される。既に述べたように、最上はその世代の土木の最高の教養人であったのだ。また、八十島の卒論の指導教官でもあった。

八十島が自身および近しい弟子を通じて係わった分野は、鉄道、交通計画、観光、景観、国土計画である。それらの分野の中で最も興味を抱いていたのが、筆者の判断によれば、景観であったと思う。これにはスポーツ青年であったと同時に旅行を好み、カメラに凝っていた趣味が反映しているのだと思う。旅行、カメラは鈴木の趣味と共通する。そして鈴木以上にあるものが絵のうまさだった。退官記念に出版された『計画と交通四十年』には八十島の見事な若き日のスケッチが収録されている。八十島は鈴木と共通の趣味を持ち、元来が景観的なるものに魅かれていたのだ、そう思う。

と、ここまで書いてきて、これではやはり鈴木の説明にはなっていないと思わざるを得ない。鈴木は鉄道、交通の後継者ではないし、何よりも鈴木は一般に考えるような教養派の人物ではないからだ。

前者の問題は何とかクリアできる。都市工に出るつもりだった八十島は、後にした土木には鉄道の人物を持ってくればよく（後に松本を引っぱったように）、移った都市工には交通の助手をいずれ当てればよい、そう考えていたとすれば、一応の筋は通る。しかし、後者の問題は、そう簡単に説明することはできない。

鈴木と八十島は、端から見ていても、本当に仲が良かった。鈴木が例によって俗耳には入り難い奇抜とも思える自説を展開すると、八十島は決まって、「忠さん、そう言うけどねぇ」と応ずるのだった。良いコンビだったのだ。

平成十年五月九日、八十島は死去する。誰もが予想もしなかった突然死だった。中村はこの日、確かに耳元でレクイエムを聴いたと言う。その葬儀の折、鈴木は筆者にこう言った。「兄貴だったんだよ」と。鈴木にとって八十島はいつもあたたかく見守ってくれる兄貴のごとき存在だったのだ。

八十島は鈴木を元気のよい、しかしかわいい弟だと思っていたのだろう。

（八）

鈴木は昭和三十六（一九六一）年七月、専任講師として土木工学科に赴任した。意気揚々と土木に乗り込んだはずである。三十七歳の働き盛り、健康も十二年三ヶ月に渡る演習林生活で自信をつけていた。当日の表情、躍動感が目に浮かぶようである。

与えられたスペースは工学部一号館二階にある製図室の一角を切り取った交通研の分室だったと思う。ここには交通研の第二の本業、交通計画の院生、四年生が入っていた。第一の本業の鉄道工学のグループは三階の研究室に入っていた。ボスの八十島は土木で一番眺めの良い三階の西南の角部屋に教授室を構えていた（工一号館は当初から建築と土木が入り、大銀杏が立つ広場に南面する一番良い所に立地している。そして、その中は東西に二分され、東側の良い面を建築が占めている。したがって土木の部屋は南か西に面することになる。建築は内田祥三教授の指揮により、関東大震災の後のキャンパス計画、設計を仕切り、最も良い位置の、最も良い建物の東側に収まっているのである。ちなみにこの大正末から昭和十一年にかけて竣工した、法文棟、安田講堂、工一、二、三、四、六号館は国の重要文化財に指定されている)。

製図室の一角の交通計画グループの中庭に面した交通研は、鈴木の出身第二工学部にならっていえば、第二交通研は、工一号館の日の字型プランの中庭に面していた。眺めは広場に南面した部屋のようなわけにはいかない。しかも、昭和四十二(一九六七)年に四年生として筆者が入室した時のような活気はまだ生まれていなかった。四十二年の春、この第二交通研には助手の中村良夫以下、昭和三十九年卒の古池弘隆(交通計画、後カナダ在住を経て宇都宮大学教授)、四十年卒の山形耕一(交通計画、後に北大を経て茨城大学教授)、村田隆裕(景観、後に東工大を経て科学警察研究所)、四十一年卒の涌井哲夫(交通計画、後に野村総研)、向正(交通計画、後に道路公団)、四十二年卒の樋口忠彦(景観、後に山梨大、新潟大を経て京大教授)等の錚々たる先輩達が割拠していて、毎週のように自主ゼミを開くという活気に満ちた研究室だった。ちなみに筆者と同期の四十三年卒組は、第二交通研に津田忠昭、水野高信、筆者が配属になっていた。八十島が沼田政矩と始めた第二の柱、交通計画の華がまさに開こうとしていた時期だったのだ。

しかしそのほんの少し前、鈴木が土木に赴任した昭和三十六(一九六一)年七月の時点では、学生は一人しか居なかった。翌三十七年三月に卒業することになる中川三朗である(交通計画、後に建設省建築研究所、行政を経て足利工大教授)。しばらく、中川の証言によって、当時の交通研の状況と鈴木の心境をトレースしてみよう。

中川三朗は戦前の平沼高女、戦後の県立平塚江南高校を昭和三十一（一九五六）年に卒業後、二浪して（昭和三十三年四月）東大に入学する。父親は電気「屋」だったという。駒場では歌舞伎研に属していた。二浪、歌舞伎から想像できるように、官僚エリートコースを目指すようなタイプではない。

中川は三十五年の春、本郷の土木へ進学した。まだ鈴木は土木にはいない。三十六年四月になって鈴木に出会う。中川は隣の建築の「造園学」を受講して、波長が合うことを感じたと言う。鈴木の土木赴任は三十六年七月だから、この春の時点ではそれを見越して「造園学」を教えていたのだろうか。いや違う。前述のように建築の「造園学」は、伝統的に林学が非常勤で教えていた科目だから、この時には田村の代講で、まだ林学に居た鈴木が教えていたと考える方が妥当だろう。教養（駒場）はつまらなかったと言う中川は土木に来て初めて、波長の合う人物に巡り会ったのである。この鈴木との巡り会いにより、中川は林学の塩田や三田とも知り合いになっていく。もっとも本人が言うように、土木の単位不足を補うために林学の講義を取りにいったことが大きかったのだろうが。

中川が四年だった昭和三十六年の時点では、交通をやろうとする中川の選択は、交通か観光しかなかった。鈴木は観光をやり始めて久しかったが、まだ景観には手を付けていなかったからだ。鈴木の景観が形となって始まるのは、三十八年卒の中村が交通研に入る三十七年を待たねばならない。

中川が八十島に、修士に入ってから交通計画をと希望を述べ、卒論は別のことをやりたいと告げた。「いいよ」という八十島の言葉をもらって、卒論は土質の最上に付く。昭和三十七年四月、本来の希望の第二交通研に修士で入ると、同期は一人もいなかった。交通研は、まだ鉄道というイメージだったからと中川は言う。

この学生当時のエピソードをいくつか。中川は鈴木の命令で田村剛に付き添い、相模湖に行ったことがあると言う。また、三十六年の夏までに車の免許を取るように命じられた。鈴木は愛車のブルーバード（八十島から譲ってもらった）を使って、調査に出かけることを目論んでいたのである。鈴木は既に昭和三十二年に『自動車旅行の休泊施設』を出版していた。昭和三十一（一九五六）年に設立された道路公団がこの本に注目し、ここから道路公団と鈴木の関係が始まっていた。当初は全国各地の観光道路を手掛けていた道路公団は、いずれ本格的な高速道路を計画・設計・建設しなければならない運命にあった。その高速道路にはサービスエリア（ＳＡ）、パーキングエリア（ＰＡ）が不可欠の装置だったからである。

中川は鈴木と二人で出掛けた。道路公団の人も同行していた。調査ルートは国道一号線。調査対象はドライブインと食堂。悉皆調査だった。国道をドライブする人がどのような所で食事をとるか調べ、定食の場所のインタバルを創り出そうとしたのである。このような研究は後に、ＳＡは何十㎞に一ヶ所、より簡単なＰＡは何㎞毎に一ヶ所という、サービス施設の配置基準につながっていくのである。このような基準は既に、日本がお手本にしていたドイツのアウトバーンにはあったはずだが、鈴木は日本の現場からこれを検証しようとしたのである。

これはエピソード中のエピソードの類いだが、かつての鈴木の丼飯は教え子の間でも有名だった。「職人は食人」という母の教え、つまり職人はしっかり食べなければ、という教えがあったのだろうが、このドライブイン、食堂の調査経験も大きかったのではないか。鈴木は長距離トラックの運ちゃんが入るような食堂に詳しかった。「運転のプロは、安くてボリュームがあり、うまいところをよく知っているんですよ」と言うのである。

食い気だけではなく、鈴木はおでんや鍋を囲んで酒を飲む下町風の店に好んで行った。筆者も学生の頃、鶯谷のチャンコ屋に連れていってもらったことがある。しかし今、中川に当時のことを聞くと、話は逆で、中川が鈴木に教えたのだと言う。中川は本郷の西片に下宿し、鈴木も西片のマンションに住んでいた。行く店は西片のおでん屋「呑気」、鶯谷のチャンコ屋「玉勝」だったと言う。中川は日本酒を飲み（今でもそうである）、鈴木はビールばかり飲んでいたと言う。おでんやチャンコを肴に酒を飲むことを鈴木に教えたのは中川だったのだ。

鈴木は中川に、「気易さ」を覚えていたのだろう。第三者に言う時も中川はいつも「さぶちゃん」だった。中村は「中村君」であり、秘蔵子の渡辺貴介は「きすけ」だった。ちなみに先輩にして上司の八十島は「八十さん」だった。鈴木は「さぶちゃん」によくこう言っていたという。「俺達は一匹狼だ」。鈴木は八十島に呼ばれたとはいえ、何やら分からぬ観光というものをやる、孤立無援の土木の一匹狼であり、一緒に飲んでいるさぶちゃんも始まったばかりの交通計画を一人でやろうとする一匹狼なのであった。

しかしこの言葉を、よく世間にあるような愚痴や僻みととってはならない。鈴木はそんな気力のない人間ではない。鈴木が俺達は一匹狼という言葉の裏には、あいつら（本郷の教官共）は群れている。既存の権威に寄りかかっている、我々は一個の独立した開拓者だという自負が込められているのである。それは一種の自立宣言であり、今に見ていろという気概の表出なのであった。そしてそれは現在、四十余年後の現実となって現れている。土木の一つの主流、交通計画として、また土木の発展を支える一本の柱、景観として。

七章　助教授

（一）

土木工学科の専任講師になった以上、また都市工学科に移らなければならないがゆえに、鈴木は学位（博士号）を取らねばならなかった。筆者の景観の先輩村田隆裕の名言「学位は足の裏のご飯粒である。そのココロは、取らなければ気になる。取っても食えない」は、当時の時点でも、現在の時点でも生きている真理である。つまり学位をとったところで職が保証されているわけではないが、大学で生きていこうとするなら学位は必須の条件なのである。

鈴木の上司、八十島は土木にこだわる人間だった。筆者が学生、院生だった頃に聞いた噂では、八十島の採点は他学科の学生に辛かったという。自分の学科土木の学生と差別しているというわけだ。これの真偽の程は定かではない。八十島は温厚な紳士だったから、表立って他を悪く言い、土木を押し出すようなことはしなかった。しかし、自分が土木であることに、自負と同時にある種の恥ずかしさを覚えていたのではないかと思う。そしてそれが土木を殊更に意識することになったのではないかと思う。

土木の仕事は川を治め、鉄道を敷設し、港を築く。つまり生活の基盤を支え、国土の骨格を形成する仕事である。人々が安全に、快適に暮らすことのできる文明を支える仕事であるといってもよい。古くは空海の満濃池の事蹟や行基の伝説に表れているように、土木は聖職者が係わる仕事でもあった。このような社会的に極めて重要な土木を現代の人々（特に我が日本人）はどう見ているだろうか。一時代前の３Ｋという言葉に表されるように、それは、きつい、汚い、危険な仕事であり、知恵を必要としない、専ら肉体的な仕事であると見なしている。お隣の建築との対比でいうと、知恵を使ってデザインする仕事が建築であり、土木は専ら工事を行う仕事だと見られている。また、これもいささか旧い話になるが、黒四ダム建設をテーマにした「黒部の太陽」（注一）に出てくるトンネル工事に従事する人夫、映画はそれが土木であると強く人々に印象づけたのではないか。もちろん現場でトンネルを掘る仕事は土木の仕事であり、貴い仕事である。しかし、黒部渓谷にあのような壮大なダムを創ろうと計画する仕事も土木の仕事なのであり、見事なアーチダムを実現させるための設計も土木の仕事なのである。しかし人々の眼には知恵を絞る計画・設計のエンジニアの姿は映らず、現場で働く労働者のみが全面に出てくるのだろう。

ここから、どっぷりと土木には浸り切れないある種の人間には、八十島が抱いたであろうような、自負と恥ずかしさが同居する感情が生ずるのだ。

社会的には極めて重要であり、国土と国家を支えるエンジニアであるという自負と、庶民大衆が抱く、単なる土方というイメージの一員であるという恥ずかしさが。工事志向で、あるいは官僚志向で土木を選んだ人間には、こういう一種屈曲した感情は生まれまい。生まれないは言い過ぎであるとしても、その感情は薄いだろう。『黒部の太陽』に感激して土木に来た同期のＭ君や、官僚を目指してきたＦ君には、こういう土木に対する屈曲した感情は見られない。

こういう感情を抱くのは交通や都市、国土の計画を志向して土木に来た人間に見られる感情である。あるいは橋のデザインを志して土木に入った人間である。さらに言えば、元来が文系志向を持って土木に来た人間である。こういう感情が分かるのは、他ならぬ筆者がそういう人間であるからである。文系の志向を持ち、計画をやろうと土木に来た人間であるから、まず講義の内容に失望し、社会の土木に向けられている偏ったイメージに愕然とする。八十島もそういう人間だったのではないか。いや鈴木も中村も。

戦時中、米軍の空襲に備えて八十島は自宅に防空壕を掘った。奥さんの和歌子さんは「あなたうまいわねぇ。さすが土木ね」と言ったという。八十島はこう返した。「そんなに土木、土木と言うな」と。中村から教えてもらった八十島のエピソードである。このエピソードから、八十島も屈曲グループに属する土木の人間であったに違いないと確信する。俺は国土、国家を支える土木に入ったのであり、穴を掘る、工事の土木の人間ではないのだ、と。

鈴木の学位の話に戻ろう。八十島はこういういささか屈曲した思いで、しかしそれは心の奥にしまったまま、学位は土木でと、鈴木に言ったはずである。それは、鈴木の今までの土木にはない、新しい分野を切り拓く論文を、「土木で」書いてもらいたいと思っていたからではないか。

鈴木がどのような顔つきで、またどんな口調で、それはできません、と答えたのかは分からない。そもそも鈴木がこの時点で、八十島の屈曲した思いを理解していたかどうか、それは疑問である。とは言え、土木を卒業しながら土木から離れ、再び土木に戻ってきた鈴木にも、八十島同様、土木に対しては屈折した思いがあったには違いない。それは、後年の鈴木の土木に対する尋常ではない思い入れになって噴出するのである。

鈴木位の年になれば（この当時三十七歳）、新たにテーマを探して論文を書くことは現実的ではない。時間がかかり過ぎるからである。都市工への移籍はもう眼前に迫っていた。今までやってきた研究実績に乗って論文を書くしかないのだ。鈴木は昭和二十八（一九五三）年に出版した『海水浴場の計画』以降積み重ねてきた、観光レクリエーション空間の利用実態を学位論文の題目とした。積み重ねてきた実績とは、レクリエーションにおける人々の集散離合（一）昭和三十一年、（二）同三十三年、（三）同三十六年等である。学位論文の題目は「海水浴場の集合離散」である。

この種の論文の審査ができる教官は当時の土木には皆無だった。コンクリートにしろ、土質にしろ、あるいは水理学にしろ、土木が研究の対象にしていたのは、ものの物理、化学的な特性であり、レクリエーションのような人間と空間の関係を扱う方法論は誰も持っていなかったからだ。鉄道工学から出た交通計画が人間の交通行動を対象とするようになって初めて、人間を相手にする土木の研究分野が生まれたのである。

これ以降のことになるが、交通計画は、この当時アメリカから入ってきた交通需要予測で人の動きを客観的に扱う学問となり、続いて移入されたパーソン・トリップの手法に基づいて都市の交通計画を立案するようになる。これが交通計画の学問的確立の一つのメルクマールになるのである。そしてさらに、人々がどのような動機、理由でそのような交通行動を採るのかをテーマに据えるようになるのである。ここにまで至れば、交通計画は人間行動の動機付けを問題にする心理学と、学問的には、オーバーラップする分野になったといってもよい。その当初から、人間は何を見ているのか（認知）、あるいは何を美しいと感ずるのか（価値判断）を問題にしていた景観工学へ限りなく近づいてきたともいえるのである。

鈴木の学位論文は、以上に述べた経緯により加藤誠平が主査を務める外なかった。加藤は林学科の教授だから、学位は農学部が出すことになる。こうして鈴木の学位は農学博士となるのである。八十島の望む土木の、工学博士とはならなかったのである。時は昭和三十七(一九六二)年二月、鈴木三十八歳だった。

(二)

年度が新しくなった三十七年四月、前述したように中川が修士として交通第二研究室に入ってくる。そして鈴木の学位以上に、この三十七年という年は、景観工学の発展にとってメルクマールとなる重要な年だった。それは、四月に駒場から中村良夫が土木に進学してきたからである。

中村は鈴木の景観の一番弟子になる男で、昭和十三年四月三日生まれである。昭和三十一(一九五六)年に日比谷高校(旧制府立一中)を卒業している。鈴木の旧制中学選びの項で触れたように、エリート中のエリート高出身である。しかし何故か、二年ダブっている。恩師である鈴木程ではないにせよ、筆者からすれば先輩であり、かつ卒論時の指導教官(助手)である中村に事情を聞くことは、憚られる事柄に属する。昭和三十年代には、一浪することは東大受験生にとってはむしろ常識に属していたから、この二年のダブりは以下のように勝手に解釈していた。つまり一浪して入り、駒場で一留(一年留学)したのだろう。これが第一の解釈である。第二の解釈は高校時代あるいは大学入学後、胸を病んで一年休学したのだろうと。

今回思い切って本人に事情を聞いた。本当の所は別にあった。聞かなければ分からないものである。中村は二浪していた。理由はこうである。中村は高校時代、フランス語と高木貞二の解析概論に凝っていた。日比谷は大人の高校だったから、高校時代からヘタな大学生顔負けの勉強や研究に没頭する生徒は多かった。受験勉強などは馬鹿にしていたのである。中村はお茶の水のアテネフランセに通い(高校生で)、解析概論を読みふけっていた。高木の解析概論は名著と言われた本で、七年下の筆者ももちろん持っていた。昭和六十一年、筑波から東大に戻る折に、大切に持っていたこの本も、もうさすがに不要だと判断して手放す決心をした。古本屋には驚く程高く売れた。それ程にロングセラーの名著だったのである。

当時一浪はむしろ常識だったが、一浪で受験に失敗した時はさすがにショックだったという。こうして二浪の後、中村は昭和三十四年四月、東大の理Ｉに入学する。

中村が凝った高木の解析概論とフランス語は、後年の中村の研究を示唆していて興味深い。中村は学生時代にフランスに留学し、助手時代にもまた留学している。中村はまぎれもないフランス派であり、専門の景観の分野でもフランス景観学の泰斗オギュスタン・ベルクやアンドレ・ギレルム、ジャン・ピエール・ピットなどと親交を持つことになる。そして、もう一方の解析概論の方は、道路線形設計をベクトル論を用いて解析した博士論文となって結実する。さらにいえば、処女出版となった『土木空間の造形』（技報堂出版）にも結実する。この本は記号論を援用して、土木が造り出す風景を解釈してみせた意欲的な著述だった。解析学にせよ記号論にせよ、中村には抽象的な理論に魅せられる所があるのだろう。

これに付け加えるなら、フランス語という文系と、解析という理系の双方に興味を持つ、その中村の資質が前述した景観を志す人間に共通のものであることは言うまでもない。いや、その第一号であったというべきだろう。

中村は前述したように、昭和三十六年四月、駒場の教養から本郷の土木に進学する。中村がどのような気持で土木を選んだのか、それは分からない。中村に聞いても、さあと謎掛けのように笑うばかりである。しかしこれだけは確かなことである。つまり、筆者自身の選択の話で述べたように、純理系の機械や電気を選ぶことがありえなかっただろうことは。

中村の時代にはまだ都市工はなかったから、文系理系の狭間の人間は土木か建築を選ぶしかなかった。仮に都市工があれば、中村は都市工を選んでいたのではないか、と筆者は思う。

(三)

中村が本郷の土木に進学した昭和三十六年四月の時点では、鈴木はまだ演習林にいた。だから中村は、筆者が八十島に魅かれて土木に進学したように、鈴木に魅かれて土木に進学したのではなかった。では誰に魅かれて、いやそれ程に直接的ではなくとも、土木教官陣の誰を好もしいと思っていたのだろうか。後に土木界きってのインテリと評されるように、中村は泥臭いこと、泥臭い人間を好まない。時代性もあるが、中村が好んでいたのは小林秀雄(注二)である。こう書けば、中村の好みが何となくではあるが分かる、そう感ずる人間も多いのではないか。

中村は卒論の指導教官に八十島を選ぼうとした(それが鈴木に師事することになった事情は後述する)。インテリ志向で、青山の山の手育ちの中村が八十島を選んだのは当然だったろう。筆者のように交通に魅かれたのではなく、八十島という人物に魅かれたのだと思う。前述したような八十島の育ちと経歴からくる人物像に。当時の教授陣を、そのような眼で、つまり中村好みの眼で一瞥すると、中村の眼に魅力的に映ったもう一人の人物は、恐らく最上だったろう。そして、この中村の好みが的を射ていたことは、鈴木および鈴木が行おうとする新しい土木に対する態度に、後に如実に現れることになる。すなわち、八十島は土木工学科専任講師鈴木を常に擁護し(自分が引っぱったのだから当たり前ともいえるが)、実質的には中村から始まった景観工学を弁護し、八十島の卒論の指導教官だった最上は、鈴木と景観工学を擁護する八十島を支え、支持したのである。

先に自らが土木であることに引きさかれた気持を持たない、純粋土木、どっぷり土木の人間からは新しい土木の芽は育つことはないと書いた。当時のコンクリートや水理学の教官達のほとんどは、そのような、鈴木言うところの「古典《クラシック》土木」の人間であった。八十島、鈴木、それに最上は例外的な存在だった。当時から土木界きっての教養人と称されていた最上も、筆者が先に述べた文系理系の双方に興味を覚えるタイプの人間だったのだろう。定年間近の最上に講義を受けた人間にして、今そう思う。この本は最上の本ではないので、簡単に触れるに止めるが、パイプを片手にした最上の講義は、文章ではないので一寸妙な言い方になるが、エッセイのごときものであった。

コンクリートの授業では青焼きのコンクリート示方書が毎回配布され、それに従って講義が行われた。また、水理学の授業では黒板に延々と数式が書き連ねられ、我々学生はそれを懸命にノートに写した。有り体に言えば、つまらなかった。知的好奇心を持てないのである。あまつさえ、コンクリートの授業では毎回出席がとられた。最上は、そのような小、中学生を相手にするような野暮な講義はしたくなかったのだろう。そんな細かい実務的な話はその分野の専門になってやればよいことであり、自分で学習すれば分かることである。

本(教科書)を読めば分かることを、事細かに講義することはないし、ましてや、義務教育ではあるまいし、講義に出たくなければ出なくともよいのである。筆者も授業は一貫してその方針でやってきた。もちろん最上のようなわけにはいかなかったが。

それでいて最上の試験問題は難しかった。如何に知識を修得したかを問うのではなく、土質とは土木技術者にとって、どう考えたらよいのかの本質を問う問題だった。できなかった。結局筆者には土質を考えるセンスが欠けていたのだと思う。

（四）

中村は卒論で付きたいと八十島に願い出た。この年、昭和三十七（一九六二）年四月には最上の下で卒論を書いた中川が、交通を志して（第二交通研の）大学院に進学していた。中川に続いて交通をやる学生が、やっと来たと八十島は思ったことだろう。しかし話を聞いてみると、中村は「日本庭園のようなもの」をテーマにした研究をやりたいのだと言う。

八十島が第二の柱にしようとしていた交通計画ではないのかとがっかりしたのか、学生はまだ学生なのだから、やりたいことをやればよいのだと淡々と対応したのか、それは分からない。しかし前年の七月に赴任していた鈴木がすぐに頭に浮かんだことは想像にかたくない。第二の土木出とは言え、鈴木は卒業以来、国立公園の父であり、日本庭園に造詣の深い田村に師事してきた男なのだ。

「卒業は鈴木君に付きなさい」。これが鈴木、中村の運命の出会いだった。そしてそれは景観工学の出発点となる出会いだった。だから、以下いささかうるさい話になるが、我慢して付合ってもらいたい。仮定の話である。

繰り返し述べてきたように、鈴木の興味の中心は観光である。趣味の写真を通じて、また観光にとって、景観が重要であるという認識は持っていた。しかし景観を研究の中心に据えようとしたことは一度もない。後に都市工に移って故渡辺貴介を育て、さらに東工大に移って育てた永井護も専門は観光であった。さらに言えば、東工大で初めて持った助手の森地茂も、東大土木の卒論のテーマは観光交通の分野だった。今では交通一般と国土計画の大家となっているが。筆者の兄弟子に当たる村田隆裕、樋口忠彦が景観にいるではないか、という疑問があるかも知れない。しかしこの二人は、景観の中村が土木の助手にいて、初めて育てることができたのである。つまり鈴木は土木の景観の創始者であるが、景観の実質的な開拓者は中村なのである。鈴木と中村の出会いがなければ、今日の景観はない。これは断言できる事実である。

卒論のテーマと内容を巡って、鈴木と中村の間にどのような話があったのかは分からない。鈴木は大まかな方向だけを示してあまり細かい事は言わないたちだから、恐らく中村の思うようにやらせたのではないかと思う。そうして成ったのが、「土木構造物の工業意匠的考察」という景観の第一号の卒論だった。昭和三十八（一九六三）年三月のことである。「景観工学」という名称が、いつの時点から土木の分野に定着したのかは定かではない。鈴木が道路公団と付き合い始めた昭和三十年代後半の時期には、「風致工学」という言い方の方が一般的だった。「風致」という言葉は、都市計画法の「風致地区」や、国立公園法の用語で使われていたからである。森地茂によれば、鈴木の弟子、中村、原、花岡、村田が相談して、「景観工学」を採用したのではないかという。「風致」という用語には造園、公園系の色合いがあるので、土木には「景観工学」がふさわしいとしたのではなかろうか。なお、「景観」という用語は植物学者三好学が、ドイツ語のLandschaftの訳語に当てたものである。戦前には辻村太郎の「景観地理学講話」に代表されるように、地理学の分野の一用語だった。

この論文は、車やオートバイ、家電製品などの工業製品のデザイン（意匠）を専門とする工業意匠の観点から土木構造物の形を論じたものである。ここには後に中村が、景観研究の主題に据えることになる仮想行動論や記号学（記号論）、意味論の視点は表れていない。しかし、かといって数字や数式、観測したデータを扱った工学的な論文でもない。後年中村が好んで口にした、新たな視点からの風景の解釈も立派な分析であり、実体の変更、創造を伴わない、要素の（意味論的）編集もまた、一種の風景のデザインであるという主張の萌芽は既に表れている。「土木構造物の工業意匠的考察」は、土木においては新たな視点である工業意匠の観点から土木構造物の特質を解釈（分析）してみせたものなのだった。

論文は桝目の入った厚手のトレーシングペーパーに万年筆で執筆されている。昭和三十七、八（一九六二）年当時では、まだゼロックスのようなコピー機はなく、複写はトレペを青焼きすることで行われていた。だから字はトレペの上に書かれているのである。総ページ数は付表も含めて百二十七頁、背はクロスシートで留められて簡易製本されている。何故そんなに昔のこと（四十年以上前）を、学年にして五年も後輩の筆者が覚えているのか不思議だと思うかも知れない。もちろん覚えているわけではない。この中村の景観工学第一号の卒論は筆者の手元にあるから、こう仔細に書くことができるのである。

東大土木図書室の本の管理は誉められるところからは程遠い。明治以来の先輩達が購入した貴重な洋書が多数あるにもかかわらず。そして明治以来の卒論、修論、学位論文の保管に至ってはお粗末極まりない。お隣の建築の図書室とは雲泥の差である。建築史の講座がある建築と、歴史には興味を示さなかった土木の差が、ここにも顕著に表れているのだ。筆者の論文を例にとって言えば、卒論、修論は図書室にも在籍した交通研にもない。恐らく誰かが借りて持ち出し、それきりになっているのである。かろうじて学位論文だけは残っている。自分で保管しておくべきだったのである。自分の卒論、修論は手遅れだったが、気がついたら実行に移さねばならない。早速交通研から中村論文を持ち出し、以来手元に保管して今日に至っているのだ。

後述するように、昭和三十八年卒の中村は道路公団に就職し、鈴木の手によって昭和四十年四月に土木に助手として戻る。この助手時代に中村はこの卒論をブラッシュアップし、『土木空間の造形』（技報堂出版）として出版する。これも土木分野の景観の本の第一号だった。昭和四十二年のことである。卒論とは様相を新たにした記号論の観点からの論考だった。しかし、「土木構造物の工学意匠的考察」も、

「土木空間の造形」も、これをもって景観工学の誕生とする見方に筆者は与しない。いずれもが工業意匠、記号論の借り物の色彩が強く、景観工学としてのオリジナリティに欠けると思うからである。景観工学の誕生は昭和四十九年の樋口忠彦の学位論文「景観の構造」を待たねばならない。

(五)

鈴木、中村の出会いの話に戻ろう。中村が土木に進学を決める二年生の秋(昭和三十五年)、および三年になって本郷の土木に進学した昭和三十六年四月の時点では、中村は鈴木の存在は知らなかった。鈴木はまだ演習林にいたからである。四年になって初めて、中村は八十島に言われて鈴木の存在を明瞭に意識した。卒論で付くことになったからである。

二浪した中村が当時の常識的なコースで、仮に一浪で東大に入ったとする。すると入学は昭和三十三年、土木進学は三十五年、卒業は三十七年三月となる。このスケジュールでいくと、研究室を決めるのは三十六年の四月となるが、この時点では鈴木はまだ土木にはいない。鈴木が土木に移って来るのはこの年の七月だからである。しかし卒論が実質的に動き出すのは夏以降だから、「日本庭園のようなもの」での卒論は間に合っていた公算が大きい。さらに、中村が浪人せずにストレートで来ていれば、鈴木との出会いはなかった。中村の卒業は昭和三十六年の三月、鈴木の赴任は同年七月となるから。しかも以上の話はもちろん架空の話で、一浪の中村、現役の中村が土木に進学するという保証はないのだが。

くどくなるが一方の鈴木。鈴木も二年ダブっている。先述したように旧制高校の浪人で一年、病気療養で一留。鈴木は健康に自信が持てずに演習林に移ったのだから、普通に行けば土木で就職していたはずである。したがって仮定の話は一留にのみ通用する。つまりストレートで高校に入って、土木で一留していたらどうなったかという話になる。そうすると卒業は昭和二十三(一九四八)年、タイムスケジュールが一年早くなって土木に昭和三十五年七月に戻るとすると、中村ストレートの四年の春、昭和三十五年四月にはかろうじて間に合うことになる。しかし都市工発足の時期は動かしようがないから、鈴木の話は架空の上の架空の話にしかならない。鈴木が土木に戻るのは早めようがなかったはずである。

したがってこの鈴木と中村の奇跡的な出会いは、中村が二浪もせずに現役で東大に入学していたら、そしてさらには鈴木が胸を患うことがなかったら、こういう二重の(景観工学から見た)幸運がなければ、成立することはなかったのである。景観工学はここからスタートしたのだった。

(六)

昭和三十八年三月に卒業した中村は、大学院には進学せず就職する。「大学院に行くのは贅沢だという時代だった」と中村は言う。同期四十三名のうち、院に進学したのは十六名であった(約38%)。これが四十(一九六五)年卒から増え始め、四十年代五十年を通じて半数以上が院に進学するようになる。中村の卒年は、次第に工学部はマスター(修士)卒が当り前という時代の直前の時代だった。ちなみに、学科名を土木から社会基盤に変えた今の土木では、五十名定員の学部生のほとんどが大学院に進学する。

大学院に進学しなかった中村が選んだ就職先は、昭和三十一(一九五六)年に設立された日本道路公団だった。先進工業国にして、これほど道路事情が悪い国を見たことがないと、ワトキンス調査団に言われた我国において、幹線道路の整備は緊急の課題だった。特に戦後の経済復興において、道路は港湾と並んで最弱点のインフラであると見られていた。明治維新以来のインフラ整備における鉄道偏重のつけが顕著に現れていたのである(鉄道偏重の功罪については今となっては功の方が大きいかもしれない。何故なら貧弱な鉄道網しか持たない東、東南アジアの大都市が如何に交通問題で苦しんでいるかを見ればそれは明瞭である。東京、大阪他の日本の大都市が機能してきたのは戦前の鉄道投資と、戦後の地下鉄整備による所が大きい。さらに言えば、地球温暖化、都市のヒートアイランド現象などにより、省エネ、省CO_2排出の大量輸送機関である鉄道は、今後ますますその重要性を増すことになるだろう）。

中村は何故、道路公団だったのだろうか。フランス語と解析幾何学に凝ったという志向からして、また「日本庭園のようなもの」で卒論をと考えた人間が、国鉄や建設省に行こうとすることはあり得なかった。国鉄や建設省は、土木という職能にいささかのとまどいも抱かない人間が行く土木の本流である。中村はその種の人間ではない。平成も十年を過ぎる頃から、ようやっと個人のデザイン的力量が認められ始めたコンサルタントが、昭和三十年代に今のようであったら、中村はコンサルタントを選んでいたかも知れない。しかし当時はコンサルタントは役所や国鉄から見れば、一段も二段も低く見られていた業界だった。筆者の昭和四十三年卒の同期でも、コンサルタントに行ったのは四十人中ただ一人だった（広瀬典昭、日本工営）。国鉄、建設省に行かずとも運輸省（港湾局）、公団、大手の建設会社に行くことが常識であった。

過日、鈴木忠義の軌跡を巡る雑談の中で、何故道路公団だったのかを中村に聞いた。中村の答えは明快だった。片平信貴にほれたのだと言う（中村は上品な人間だから、ほれた等という言葉は使わなかったが）。東大の土木には昔から卒業予定者を対象にした就職説明会があって、役所や企業に就職している先輩が大学に説明に来る（これは工学部に共通の行事であったと思う）。企業によっては脈のありそうな学生を引き連れて一杯飲むということも行われる。実際、それでその社風や先輩にほれてか、酒に魅かれてかは分からないが、就職を決める学生もいたのである。

その時、つまり昭和三十七年の秋の頃だったはずだが、道路公団からは片平が来ていたのである。片平は昭和十一（一九三六）年、東大土木卒、同年内務省入省、道路畑であった。ここでいささか寄り道になるが、片平と昭和三十年代の道路公団について触れておきたい。僅か二年間ではあるが、景観工学の実質的創始者となる中村が在籍した所である。また、戦後土木の景観、デザインをリードしたのは道路公団であったのだから。

（七）

片平は戦後の二十年代、建設省から派遣されて米国に高速道路の調査に赴いている。米国は既に戦前、パークウェイという自動車専用道を持ち、都市内高速道路も建設していた（後者は日本の首都高の一つのモデルになる）。ナチスドイツと並んで高速道路先進国だった。昭和二十八（一九五三）年、揮発油税を財源とする道路特別会計が成立（立役者は田中角栄だった）、翌二十九年には第一次の道路整備五カ年計画がスタートする。それは道路整備に国が重点投資をするぞという宣言だった。この線の延長上に日本道路公団が昭和三十一（一九五六）年に設立される。民間の資金、政府の財政投融資資金（郵便貯金を原資とする）に世界銀行からの融資を加えて、専ら高速道路を建設するために設立された特殊法人である。

当初取り掛かったのは名古屋と神戸を結ぶ名神高速道路、続いて東名（東京・名古屋）だったが、先述のように名神・東名と併行して多くの観光道路も建設していた。片平はこの道路公団設立と同時に、建設省から道路公団に移る。よくあるような出向ではなかった。自分の道路技術者としての人生を新生道路公団に賭けたのだった。

普通のキャリアの役人はこういうことはしない。何故なら特殊法人日本道路公団の監督官庁は建設省道路局であり、役人のポストとしての位は建設省の方が上なのだから。しかし、日本に初めての都市間高速道路を作る事業主体は建設省ではなく道路公団であり、新しい技術、先進的な技術を実施できるのは道路公団であった（クロソイド曲線を用いた線形設計や曲線橋、ラウンディング等ののり面処理等）。片平は役人ではなく、その前に道路のエンジニアだったのだ。その片平の志を裏付けるように、道路公団の理事を務めて退職した後は、道路公団の息のかかった道路施設協会や、高速道路調査会等に天下りすることなく、また通例になっていた（いや今も）建設会社に天下りすることもなく、自らが社長となって、片平エンジニアリングという道路のコンサルタントを拓くのである。戦後の道路にあっても、戦前の広井勇、青山士《あきら》（注三）の潔い土木エンジニアの伝統を受け継ぐエンジニアはいたのである。

片平は東南アジア諸国の高速道路にも力を注ぎ、とりわけフィリピンには熱を入れていたという。生前の片平には、今となっては定かではないが、二度か三度会っている。とりわけ仙台での話が忘れられない。片平が自社の仙台支店に来た折のことだった。やはりフィリピンで手掛けている道路のことを語っていた。背は高くて痩身、顔も態度も温厚だった。大学の文学部の教授という雰囲気だった。土方という臭いは少しもなかった。三年先輩になる東大教授最上武雄と同質の人間だったのだろうと思う。専門は土木だが、その前に温厚な教養人であるという点において。

（八）

中村が魅かれたのも、片平という人物の中に自分と同じ体質、自分がこれから向かおうとする志を、既に実践していることを見てとったからではなかったか。性温厚、教養人、そして高い志、これだ、と中村は直感したに違いない。

昭和三十八(一九六三)年三月、中村が去った東大土木の交通研には、入れ替わりに二人の学生が遠方からやってきた。一人は山梨大の土木を卒業して交通研の大学院に進学して来た花岡利幸であり、もう一人は北大の農学部を卒業して土木の研究生になった原重一である。二人とも学年では中村と同期ということになる。

花岡は「弾性床上の理論」という鉄道工学で卒論を書き、原は「芝生の育成」に関する卒論を書いていた。花岡は鉄道のつながりで八十島を選んだわけで、これは極く常識的な選択であろう。一方の原の方はやや特殊であった。原は東京に出てきたかった。いや正確に言うと東京に戻りたかった。農学部の学生が何故土木に、これは前から疑問に思っていた点だった。筆者は原とはザックバランに話をする方なのだが、やはり先輩ゆえに個人的な事情は聞き難い。今回の執筆に当たってのヒヤリングで疑問は氷解した。原の父は、第二工学部で併任の教授を務めていた安藝皎一の弟で、その伝手で八十島を頼って上京したのだった。父が死去した後、母が再婚して苗字が原となったので、原と土木のつながりが分からなかったのだ。原は、現場派の河川工学者として後に高橋裕、虫明功臣、大熊孝へと続く、初代現場派安藝の甥に当たる。

鈴木は二人を鍛えた。花岡が、「大学を出たのにペーロケもできないのか」と鈴木にしごかれたのは有名な話である(ペーロケとはペーパーロケーションの略で、地図上で道路の路線を引くことである)。花岡は八十島と鈴木の両方について交通と観光を専門とし、大学院博士修了後母校に戻って後に山梨大土木の教授となる。八十島と共著で書いた(実質的には花岡が執筆した)『交通計画』(昭和四十六年)は、土木における交通計画の初めての教科書となった。原は鈴木について観光の分野に進み、後に鈴木の紹介で(財)日本交通公社に入り、最後はプロパー出身で初の常務理事となる(通常、役員は天下り)。観光分野の鈴木の一番弟子であり、観光調査の重鎮となって今日に至る(財)日本交通公社は、いわゆる旅行や旅館の斡旋をする(株)日本交通公社(JTB)とは別組織である。歴史的には前者から後者が分離独立した。(財)は専ら観光に関する調査・研究を実施している)。

二人に対する態度は中村の場合とは明らかに異なっていた。それはこういうことである。鈴木は学生が明確に観光以外のテーマを指向し、かつ鈴木がその才能を認めた場合に限って、自由にやらせる方針をとった。その例は中村と樋口(昭和四十二年卒)に限られる。四十三年卒の筆者以降の景観の人間は実質的には中村の教え子であり、口出しはしなかった。筆者に続く小柳武和(四十六年卒)、窪田陽一(五十年卒)、細川政弘(五十二年卒)、天野光一(五十三年卒)がそれに該当する。景観の教育、研究に関しては昭和四十年四月に東大土木に戻した中村を信頼していたのである。

観光を指向する、あるいは志向のはっきりしていない学生には全て観光をやらす。それが鈴木の方針だった。考えてみれば当然のことで、観光が鈴木の専門だったのだから。むしろ自分にとっては傍流、第二の景観を自由にやらせた方が、大学人としては例外だったのだ。昭和三十八年卒の花岡(観光と交通)、四十一年卒の森地茂(観光と交通)、都市工に移ってからは一期の四十一年卒の渡辺貴介(観光計画)、四十二年の菊池武則、東工大へ移ってからの永井護(土木四十四年卒)、安島博幸(社工四十八年卒)等、全てが観光を専門とすることになる。

注

一　三船敏郎、石原裕次郎主演の映画。大ヒット作となった。
二　文芸評論家。一貫して野にあって、評論活動を展開した。文芸評論をジャンルとして確立した。文化勲章受賞。
三　広井勇、高知県出身。札幌農校卒のクリスチャン。同級生だった内村鑑三をして「清きエンジニア」と言わしめた。小樽築港は最大の業績、東大土木教授にスカウトされた。

青山士《あきら》、東大土木卒。卒後パナマ運河の開削事業に単身参加。帰国後内務省において大河津分水、荒川放水路等を指導。清廉な技術者として知られた。やはり、クリスチャン。

八章　新設都市工へ

（一）

花岡、原を迎えた三十八年の四月、鈴木は専任講師から助教授に昇任した。三十九歳だった。前年二月に学位（農学博士）を取得していたこと、それに何よりも都市工への移籍が間近に迫っていたことが大きかった。また、この四月、村田が駒場から土木に進学してきた。鈴木は村田に期待していた。物事をきちんと分析する学究派の秀才だった。村田は鈴木が駒場の進振りで土木に引っぱってきたという噂が、かつてはささやかれた程である。村田は鈴木に付いた。いや正確に言うと、鈴木が強引に付かせたのかも知れない。当時鈴木は都市工の教官とともに裏磐梯の開発計画に携わっていた。鈴木の担当は当然観光で、特に観光道路に力を入れていた。鈴木の観光研究の出発点となった、あの観光道路である。

折しも米国では一九六〇年代以降本格化した高速道路の走行がもたらす新しい景観体験の調査・研究が盛んになっていた。Man Made America が『国土と都市の造形』として出版され（直訳すれば人間が創ったアメリカとなるが）、R・アプリヤード、P・シール等の研究者が、高速道路を走行することによって得られる継起的な景観体験を、なんとか客観的に記述し、道路計画に活かせないかと懸命になっていた時期だった。お手本にしたのは、音符の如く、現象を客観的に記述するスコアであり、その上に立った作曲法だった。鈴木はこの最新の研究を磐梯猪苗代湖の観光道路に持ち込もうと考えていたのだ。中村は卒論で景観をやったが、それは鈴木が関心を抱いてきた道路ではなく、またその内容も鈴木が期待するような客観的、データ的なものではなかった。それは評論的、解釈的な観点からの論文だった。鈴木は村田の中に自分のやりたいことをやらせることのできる資質を見たのだ。

村田の卒論(昭和四十年)がどのような内容のものなのか、それは筆者が交通研に入る以前のことゆえ分からない。とは言え、そのテーマは道路のシークエンス(継起的体験)に関するものだったはずである。修論は山並ハイウェイを題材にした、シークエンスのノーテーション(表記法)だった。この当時、鈴木は道路公団の仕事に関与しており、阿蘇を駆け抜ける自動車専用の観光道路、山並ハイウェイが取りあげられたのである。筆者もかすかに覚えているが、ランドマーク(地域の目印、シンボル)がどのように連続して、あるいは断続して見えるのか、またドライバーの視界はどのように変化するのか、さらには見えている地表面がどのようなテクスチャーなのか(樹林なのか草原なのか)等という項目が、走行する時間軸(距離軸)の上に、あたかも巻物のように記載されていた。

この記述法は、アプリヤードやシールが考案した表記法にならっていた。このシークエンシャルな体験への興味とその表記法の開発は、当時勃興期にあったアーバンデザイン(都市デザイン)の分野でも熱心な取組みがなされていた。その代表例を挙げれば、伊藤ていじが編集した『日本の都市空間』(この本は名著である)に紹介されている琴平宮への参拝路の表記である。日本の神社への参道こそが、シークエンス設計のオリジナルであると位置づけられたのである。確かに鳥居による空間の分節、折れ曲がる線形、樹林に閉ざされた空間と谷に架かる橋を渡る地点での開放感等、そのシークエンスはまことに巧みに演出されている。村田は修論で、鈴木の要請に応え、山並ハイウェイの「楽譜」を記述したのだった。

しかし、当時の未熟な筆者には分からなかったが、継起的体験を分析して、楽譜のようにスコアとして記述し、その記述法を用いてシークエンス景観を計画するという考えには、根本的な欠陥が存在する（これは後になってわかったことだが）。まず第一に、音はその長短、高低によって極めてシンプルに決まる。それは振動の時間的長さであり、振動の周波数である。一方、我々が車窓から見ているものは極めて多種多様な要素から成り立っている。音符のような単一の要素に集約することはできない。音は一つの音符で記述できるが、風景は一つの要素では記述できないのだ。したがって、シークエンスの分析では、ランドマーク、視界、線形などといった複数の項目が立てられ、それらが並行的に記述されることになる。音楽のメロディーでは、一連の音符のつながりがメロディーを表し、それが心地よいメロディーになっているかどうかが判断される。しかし、シークエンス景観では、ランドマークの項目のみ、あるいは視界の項目のみでは、そのメロディーの良し悪しは判断できない。それらの項目の組み合わせが重要となるからだ。では、音楽の場合の複数楽器の演奏のように考えればよいではないか。しかし、それはできない。音楽の場合では、楽器の違いによる音色の相違こそあれ、出している音は全て音符に還元できるので、その合奏の良悪は音符の共時的な組み合わせにより判断できるのだが、シークエンス景観ではランドマーク、視界、線形等の異なった楽器の音を単一の要素に還元し、その和音の是非を議論することはできないのである。だから、どういう音の組み合わせが心地良く聞こえるという音楽の基本ルールをシークエンスの分析で定義することは不可能なのである。以上が分析と表記法における第一の根本的な欠陥である。分析できるのは、演劇における「序・破・急」が、とか、文章における「起・承・転・結」

をという具合の定性的な話にしかならない。

次は計画（作曲）の段階における欠陥である。作曲では作曲家は自由に音符を選ぶことができる。しかしシークエンス景観の計画者は、音符を自由に選ぶことはできない。ランドマークにしろ、視界を閉ざす樹林にしろ、それは現存し、与えられているものであって、それらをシークエンスのために改変することはできないのである。作曲の自由度は極度に制限されているのである。それは作曲とは言えまい。また、前述のように、どのような音の連なりが、またどのような音の組み合わせが良く、あるいは悪いのかというルールも確立されていないから、仮に要素が自由に選べたとしても、作曲の手掛りがないのだ。

第二に、音楽は時間芸術だから、始まりがあって、終わりがあるということは厳密に決定されている。モーツァルトにしろ、ベートーベンにしろ、途中から聴いて、途中で止めるということはできない。それでは音楽にならない。始めから終わりまで聴かれるということが大前提になって作曲され、演奏されるのである。もちろん、第二楽章だけ、という場合もある。しかし、その第二楽章にも始まりと終わりがあって、一つのまとまりを成しているのである。任意の途中ということはありえない。

これに対して、シークエンス景観では、神社の参道は別にして、どこが始まりで、必ず終わりまで、ということは約束されていない。道路には途中から入って、任意の地点で抜けてもよいからだ。始まりと終わりはきちんと決められているわけではなく、仮に計画者が自分で決めたとしても、実際の走行者にそれを強制することはできない。

以上述べたように、シークエンス景観の分析、記述、設計では、要素を音符のような単一の要素に還元できない、したがって、スコアのように記述できない、メロディーや和音のようなルールが見い出せない、要素を自由に操作できない、起終点が特定できない、という根本的な欠陥が存在しているのであった。

シークエンス景観を音楽のように分析、記述、作曲することは不可能なのである。建築の内部空間のように、建築家が全ての要素を操作できる場合なら、ある程度の可能性はあるのだが。

現在の時点でここに筆者が整理したように、当時の村田がシークエンス景観の楽譜化の根本的欠陥をどの程度自覚していたのか、それは分からない。しかし、このスタイルのままでは、本物の論文にはならないとは考えたことだろう。村田は昭和四十（一九六五）年三月卒だから、修論の当時は鈴木は既に都市工に移っていた（移籍は昭和三十八年十一月）。しかし、土木の学生でも、交通研に籍を置く者は、観光や景観を志す限り、いまだに鈴木の影響下にあった。村田に続く四十一年卒の田村幸久、小笠原常資、森地茂等がその学生で、卒論は鈴木の指導を仰いでいたのである（四十二年卒の樋口まで）。

秀才型の人間である村田は、楽譜になぞらえたシークエンス景観の分析の限界に気づいていたろうと書いた。だから村田は、学位論文では、鈴木の期待に応えて同じシークエンス景観を題材としながらも、別のより客観的な方法論を選んだ。それは人間の眼球運動を客観的に捉えることのできる、アイマークレコーダーによる分析だった。アイマークレコーダーは、眼がどこを見ているか（これを注視点という）、次にそれがどこへ飛ぶか等を記録することができる。高速道路を走行するドライバーに、このアイマークレコーダーを装着すれば、ドライバーが路面を見、次にガードレールを見（安全運転のために）、時にクレコーダーを装着すれば、ドライバーが路面を見、次にガードレールを見（安全運転のために）、時に遠方の山（ランドマーク）を見ているのを、シークエンス体験のノーテーション（表記法）のように恣意的にではなく、客観的にかつ詳細に記録することができる。

また当時の村田はドライバーの発汗作用を計測することも試みている。人間は興奮すると発汗作用が活発になる。この人間の生理的現象を計測することによって、ドライバーの走行体験を客観的に分析できるのではないかと考えたのである。しかし、この生理的な計測の方はうまくいかなかった。ドライバーは突如現れる美しい山にも感激して汗を出し、危険を感ずる際にもまた汗を出すからであった。人間の景観に対する感動という高次のレベルでの反応を生理学のレベルに還元することは、やはり無理なのだった(現在では脳生理学の発展によって人間の感動、感情を脳波によって測定することも可能になりつつある。また、血液の流れの活発化を計測することによって、脳のどの部分が活性化しているのかを計測することもできるようになっている。しかし、景観を美しいと感ずるか否かのような、極めて高次の文化的反応を生理学のレベルに還元するのは、そう簡単にはいかないと思われる)。

フィルム上に記録された膨大な、客観的な眼球運動のデータと、そのデータを分析した村田の学位論文「自動車運転者の注視対象に関する景観工学的研究」は昭和四十五年二月に完成した。講師だった中村はまだ学位論文は書いていなかったから、村田の論文は景観工学の分野での学位論文の第一号となった。では、この村田論文をもって景観工学が自立した学問として誕生したと言えるだろうか。

当時の鈴木はそう考えていたのではないかと思う。テーマは鈴木が若い時からあたためていた道路のシークエンスであり、その分析は膨大な、また客観的なデータに基づく、定量的なものであったのだから。昭和三十年代、四十年代の鈴木は、「定量化」に極度にこだわっていた。景観を景観「工学」として確立するためには、数値化、定量化は不可欠の要件であり、それなくしては「景観工学」が土木で生き延びることはできないと考えていたからだろう。現象を定性にとどまらず、数値として表し、それらを数式で関係づけることは土木に限らない、工学の必須用件なのだから(理学では必ずしもそうではない。もちろん数学や物理学の分野ではそうであるが、生物学のように対象の分類のみでも立派な業績となり得る。また数理にうるさい物理でも新素粒子の発見が偉大な業績となるのである)。しかし、数値で表し、定量化することなしには、ものは作り出せない。工学の使命は理学とは違って、実際にものを作り出すことにあるのだから。

村田論文は確かに客観的、定量的な研究ではあったが、景観の現象や、人間の景観体験を記述するには余りに一面的だった。何故景観がそのように見えるか、あるいはAの景観が好ましく、Bがそうではないのかなどの景観の根本に触れるところはなかったからだ。生理学的レベルの分析の限界である。人間の意識、行動の全てを生理学のレベルに還元することはできない。だから世には、別の観点からの、独自の方法論を持った心理学や社会学、美学などの学問領域が存在するのである。中村の卒論や『土木空間の造形』が、工業意匠や記号論の援用にとどまって独自の観点、方法論を持ち得なかったように、村田の学位論文も生理学の範疇にとどまっていて、独自の見方を打ち立てたわけではなかった。もちろん当時の筆者にもそんなことが自覚できていたわけではない。

村田は理系の人間だった。数理に長け、データを冷静に分析することが好きで巧みだった。しかし村田の口から文学の話が出た記憶はない。中村はその卒論の折に触れたように日本庭園を好み、小林秀雄を始めとする文芸にも多大な興味を抱いていた。樋口もまた同様である。もしかすると、村田はシークエンス景観の分析には興味を持っていたが、景観現象としてのシークエンスを好んでいたわけではないと思われる。村田は筆者の卒論の実質的な指導教官だった。筆者の卒論のテーマは助手の中村が与えてくれたものだった。その内容は、既に知られている道路線形の欠陥(ステップ、ブロークンバックなど)を、立体線形の表現である透視図に描かずとも、平面、縦断線形のデータのみで、コンピュータで欠陥を判断させようとするものだった。テーマを与えてくれた助手中村はフランス留学でパリに去ってしまい、昭和四十二年の夏から四十三年の二月まで面倒を見てくれたのは村田だったからだ。村田は当時、博士課程一年だった。

昭和五十（一九七五）年十月の林学科助手から始めた研究、教育生活の経験から今振り返ってみると（正確に言うと、平成の始まり頃には既に分かっていたのだが）、研究者には二つのタイプがあり、一つは既に確立している体系に拠って、コツコツとそれを精緻化する人間であり、二つは混沌とした現象から何ものかを新たに学問として作り出す人間である。数量的には圧倒的に前者の研究者が多く、村田は前者に属するタイプの人間だった。しかし、新しい学問体系である景観工学には後者のタイプの人間が求められていたのである。秀才タイプの研究者には、着実に自らの研究が積み上げられているという実感が必要である。長年かけて積み上げた成果が結局のところ無意味だったという情況には耐えられない。だから確固たる体系が存在して、それに沿って積みあげていけば確実に成果が出る、そのような研究を好む。混沌とした現象の中から何ものかを掴み出し、新たな学問を生み出しえたと考えても、それは砂上の楼閣かも知れないのだ。それは極めてリスクの高い研究であると言わざるを得ない。昭和三十年代、四十年代の景観工学がまさにそれだった。

中村はこの辺りのことは充分に自覚していたはずである。卒論では工業意匠の視点を試し、「土木空間の造形」では記号論を試していたのだから。村田がどう思っていたかは分からない。ただ学位論文には満足していたのではないか。膨大な、客観的なデータを積み上げて定量的な結果を出したのだから。しかしその成果は、シークエンス体験を記述し得たわけではなく、ましてやその計画、設計への途を拓いたわけでもなかった。

（二）

土木の助教授になって一年も経たない昭和三十八（一九六三）年十一月、鈴木は予定通り都市工に移る。

「予定通り」と書いたが、鈴木の言によれば、東北大にという話があったという。誰かとは分からないが、鈴木を引っぱろうという人物がいたのだろう。八十島にそう言ったところ。「東北大には行かなくてよい」と答えたという。やはり都市工行きが八十島の既定コースだったのだ。ただし八十島が土木に残ったため、都市工の助教授ポストは鈴木のものではなくなっていた。そのポストには、八十島に替わって建設省から来た井上孝が、やはり建設省から引っぱってきた新谷洋二を助教授に据えることになっていたからである。鈴木は本業の内容を体現する、念願の観光レクリエーション研究室を構える。しかしその助教授のポストは、下水道講座からの借りものだった。下水道講座の教授は徳平淳、本郷の土木昭和二十三年卒、鈴木と一学年しか違わない先輩だった。この時、鈴木がどのような思いを抱いたか、それは分からない。八十島から聞いていた話とは違う。形式上とはいえ、全く畑の違う下水道の徳平が上にいるという違和感、そして何よりも借りポストであるという不安定感。つまりこのまま都市工にいても教授に昇進できる確率は皆無とは言わぬまでも、極めて低いのである。このような状況の中で、前項に述べた村田を土木の卒論生として迎え入れたのであった。

　ただし鈴木の強みは、八十島の支援もあって土木にも関係を持ち続けたことである。先に述べたように、日本の大学では講座は独立王国である。したがって通常なら、都市工に移った鈴木には土木に対する発言権は失われる。しかし鈴木は昭和四十一（一九六六）年七月に東工大に移るまで、本籍の都市工（四十二年三月まで併任）と土木の両学科にわたって、卒論、修論、学位論文の指導を続けるのである。いや実質的には、東工大に移ってから以降も、土木、都市工の両学科に顔を出し、学生の指導を続けるのである。これは異例のことと言わねばならない。昭和四十年四月に景観分野の教え子第一号の中村を交通研の助手に戻したつながりがあったことを勘案したとしても、この異例の実質的な指導体制を可能にしたのは、やはり八十島の寛容で、強力な支援であった。この鈴木、八十島のコンビから、土木を去った後にも、土木から前述の村田、樋口、筆者の景観派が、また花岡、森地の観光と交通派が、都市工からは三十九年四月から職員（技官）になった原、渡辺の観光派が生み出されていくのである。八十島の度量は並大抵のものではなかったと今更ながら思う。鈴木が居なければもちろん、景観工学は生まれていないが、鈴木のみでは生まれえなかったと思う。

（三）

ある日の教室会議の席上で、おそらく昭和三十九年の秋だったと思われるが、助手のポストが空いたのでという話題が出た。鈴木は即座に手を挙げて、「中村君が」と発言したという。鈴木はすぐに最上に呼びつけられて、お説教を食らった。「君、何の下相談（つまり根廻し）もなしに、ああいう発言をするのは困る」という小言だった。それはそうだろう。筆者の経験からしても通常は上司の教授に相談し、その教授が主だった教授に根廻しして了解を取り付け、その後に公式の会議での提案となるのである。それを鈴木は助教授の分際で、日本的慣行を無視していきなり「中村君を」と発言したのである。皆驚くのは当然である。にもかかわらず、この人事は実現することになる。中村はわずか二年で道路公団を辞め、土木の交通研に助手として戻るのである。

助教授の鈴木には学科の人事権はない（現在でも踏襲されていると思うが、人事を決めるのは教授の権限である。助教授、専任講師、助手がそれに口を出すことはできない。封建的だと感じられる向きもいるかも知れないが、ポストの下位のものが上位のものを選ぶことがないのは役所でも民間の会社でも同様であろう。そして仮にそれが助手であっても、助手は近い将来の助教授候補であるから、教室としても慎重にならざるを得なかった。得なかったと書いたのは近年では任期付き（大抵は三年）で助教（かつての助手）に任用することが普通となりつつあり、良く言えば比較的オープンに、悪く言えば中長期的な見通しを欠いた人事が行われるようになったからである）。鈴木がいくら中村君が良いと言ったところで、鈴木には人事権はなく、また自分の所に助手のポストを持っているわけでもなかった。中村を助手にするなら、八十島の助手にするしかないのである。したがってこの人事は八十島の決断に係っていた。

普通に考えるなら、鉄道を第一の専門にし、交通計画を第二の専門にする教授が、景観をやろうとしている人物を助手にすることはあり得ない。しかし八十島は普通の教授ではなかった。中村を助手にすることをＯＫしたのである。この時点で第一の専門の鉄道には先述の松本嘉司が助教授でおり、その下には技官の大島がいた。自分の専門は鉄道から交通計画、国土計画にシフトしつつあった。ただし、その専門の部下はいない。八十島はどう考えていたのだろうか。

中村なら交通計画もできる、と考えたのではないか。八十島がそう判断したと筆者が考えるのは、後年八十島が研究室に持ち込んだ川崎市の鉄道計画のプロジェクト等に中村が参画しているからである。

八十島に中村の卒論「土木構造物の工業意匠的考察」の内容が分かっていたとは思えない。しかし八十島は頭のよい、また視野の広い人物だったから、中村が研究者として将来性があるか否かの判断はついたはずである。これは鈴木も同様で、鈴木にも中村の卒論の内容が本当に分かっていたかどうか、疑わしい。しかし、中村への期待において両者は一致していた。

助手の人事であり、また八十島の所のポストだから、他の研究室の教授達がそううるさく言うことはなかったろう（これは今でも同じである）。講師、助教授に上げる時にはそうはいかないが。ただし、土木教室のボス教授が難色を示せば助手人事とて成立はしない。そして、その当時のボス教授は八十島を買っていた最上武雄だった。最上が去って二年下（昭和十一年卒）のコンクリートの国分正胤辺りが最年長になっていたら、こうはいかなかったのではないか。何せ当時の土木は、八十島、鈴木を除けば教官全員が、鈴木言うところの「古典土木」の人間だったのだから。最上は古典土木の中の例外であった。

こうして、「奇跡的に」中村は土木に戻ってきた。短い期間ではあったが、中村は二年間道路公団で何をしていたのだろうか。何人かの人に聞かされたのは、次のようなエピソードである。中村は道路公団本社の東名計画課に配属になっていた。当時の本社は新橋駅の表口からすぐの所にあった。中村を訪ねていくと、「お茶でも飲みましょうか」と誘われて外出し、近くの喫茶店で話をするのが常だったという。

あんなことで真面目に仕事をしていたのかね、本当に勉強していたのか、などと言う人間は、本当の所が分かっていないのである。仕事イコール与えられた業務を懸命にこなすこと、勉強イコール机に向かって本を読むことと考える頭の固い人間に外ならない。鈴木の観光、交通の弟子森地にも似たようなエピソードがある。それは、森地がM.I.T.（マサチューセッツ工科大学。理工系の米国の名門校）に客員研究員として留学していた時のことで、交通研の後輩のTの言で「森地さんはゴルフばかりやっていましたよ」というものであった。留学したのだから、図書館や研究室に籠って研究に没頭するべきで、ゴルフで遊んでばかりとはけしからんということなのだろう。これも研究、留学を固い頭で図式的にしか捉えられない人間の言うことであろう。

本当は中村も森地も多読しており（もちろん傾向は違うが）、机に向かっての勉強なら自宅でできると考えていたに違いない。その場の状況でしかできない仕事、勉強をやろうと二人は考えていたはずである。その結果が中村の場合、様々な人物との喫茶店での会話であり、森地の場合、教授連とのゴルフだったのだろう。

二人の恩師鈴木は、学生が研究室で机に向かって本を読んでいると怒った(筆者は見聞きしていないが)。本を読むのは自宅でもどこでもできる。研究室に来たら研究室でしかできないこと、つまり議論やゼミをやれというのが鈴木の教えだった。中村も森地もそこのところは叩き込まれていたのだろう。

(四)

昭和三十八(一九六三)年十一月以来、都市工に観光レクリエーション研究室を構えたものの、新設の都市工の一期生はまだ三年生だった。研究室に配属になるのは四年からだから、鈴木の部屋はガランとしたものだったに違いない。職員となった原を除いては。鈴木の眼は、ここまで書いてきたように、いまだ土木の交通研の方を向いていた。土木とは至近の距離にあった。都市工が入った工学部八号館は、工一号館の斜め後ろに建てられ、ここには都市工と二号館から移ってきた機械系の三学科(機械、産業機械、舶用機械)が入った。建物間の距離は歩いて一分もかからない(現在都市工は新築された工十四号館に精密とともに移っている)。

この工八号館は産業界の寄付を建設資金の一部とした建物で、「若い」鈴木は、高山教授の弟子の川上と一緒に、建設業界各社に頭を下げに廻ったという。土木の代表八十島の代理として土木業界を廻り、一方の川上は建築業界担当だった。巡り合わせゆえか、その行動力ゆえか、恐らくその両者だったのだろうが、鈴木にはいつも、このような役回りが割り振られる。工八号館に続いて新築された工十一号館の寄付集めも、鈴木の仕事だった。この工十一号館は昭和四十三年に竣工し、土木と建築の構造系の研究室が入居した。これはずっと後のことになるが、昭和五十五(一九八〇)年三月、八十島が東大を定年退官するに当たって、八十島の居場所(都心オフィス)を作ろうということになって、番頭(幹事長)として動いたのもやはり鈴木だった。これが八十島の死後の現在も続く「計画・交通研究会」である。当初は都市センターの前に居を構え、今は麹町通りに移っている。資金集め(会員集め)から、場所選びまで、その動きの先頭にはやはり鈴木がいた。新しい学問分野の開拓のみならず、新しい建物、新しい研究活動グループの組織化をも担い続けてきたのが鈴木だった。この役割は併任で教授となった八十島の下の助教授として移った(昭和四十一年七月)、東工大土木、さらに移籍した東工大社工(四十四年四月)にも一貫して変わらぬ役割だった。常に先頭に立たされるのが、鈴木の役回り、運命だったのかも知れない。

(五)

年も明けて昭和四十年、都市工一期生として鈴木に付いたのが渡辺貴介《たかすけ》だった。昭和十七年生まれ、熊本高校の出身である。渡辺は鈴木の本業、観光の後を継ぐ人物と目され、事実そうなった。

鈴木は筆者が学生、院生だった頃、また後述する東工大の研究生として養われていた頃(つまり昭和四十年代)、「四天王を育てなければ」と口癖のように言うのが常だった。四天王という発想が鈴木の好きな将棋から来ているのか、あるいは講道館柔道から来ていたのか、それは分からない。この四天王を育てるという鈴木の言は、後日、立派に達成されることになる。年齢順に挙げると、景観の中村(昭和三十八年卒)、観光の渡辺(四十一年卒)、計量(計画)の森地(四十一年卒)である。四天王には一人足りないのだが、それがどの専門で、誰を指せばよいのかは分からない。

渡辺は、その専門としたのが観光ということもあったのだろう、鈴木の秘蔵っ子だった。鈴木の言うことをよく理解し、その言を最も忠実に実行しようと努めていた。渡辺の呼び方は「貴介《きすけ》」であり、中村のそれは「中村君」だった。森地が鈴木にどう呼ばれていたかは定かではない。この呼び方に教師とその教え子の距離がよく表れている。鈴木は中村、森地には多少遠慮するところがあった。人間のタイプが違うことを自覚していたのだ。しかし、「貴介」に対してはそれがなかった。そもそもが、中村、森地は鈴木の言うことこそ聴くが、それを忠実に実行しようとする人間ではなかったからかも知れない。

渡辺は理Ｉから都市工に進学したのだが、実はその前に一年ダブっている。これは渡辺の死後に知ったことだった。渡辺は現役の時に早大の理工学部数学科に入学し、思い直して翌年、東大の理Ｉに入ったのだった。この辺りの渡辺の心境は今となっては分からない。生前に聞いておくべき事柄だった。また、渡辺は最初から鈴木に付いたのではなかったという証言もある（都市工一期同期の丸茂弘幸の言）。

渡辺は、二級下の土木の筆者の付き合った経験からすると、即断即決型の人間ではなかった。さまざまな要素に思いを巡らし、よく考えるタイプの人間だった。悪く言えば迷うタイプ、良く言えば思慮深いタイプの人間である。早大から東大を受け直した経緯は分からないが、都市工に進学して何を専門にするか（どの先生に付くか）については相当迷ったのではないかと思う。先に書いたように、創設期の都市工の看板は、都市計画の大家、高山と、既にスターになりつつあった建築の丹下健三だったから、大方の学生はこの二人のいずれかに憧れて都市工に進学したはずである。そしてその下には高山研に川上、丹下研には大谷が居た。この両研究室に比べれば、住宅公団から戻ってきた日笠端（都市計画）や下総薫（住宅地計画）、建設省からの井上孝（都市交通）の諸教授もややくすんで見えていたに違いない。ましてや、観光レクリエーションの助教授鈴木の存在は、若い学生の眼にどう映っていたか、想像にかたくない。

多士済々の同期にあって（不思議なことに、どの大学、いずれの学科にあっても一期生はそうなる。フロンティアゆえであろう）、建築の才能、都市計画の度量ではかなわないと思ったゆえか、あるいは鈴木の持つロマンに魅せられたゆえか、それは今となっては分からない。しかし兎も角、渡辺は鈴木を選んだ。

ここに、鈴木の本業、観光の教育・研究上の後継者が生まれたのである。

(六)

これ以降、つまり昭和四十年(卒論で付いていたなら)、あるいは四十一年(大学院から)以降、鈴木と渡辺の三十七年にわたる長い付き合いが始まる。それは後先が逆になってしまった平成十三年の渡辺の死に至るまで続くのである。

渡辺が鈴木に付いて程なく、鈴木は東工大土木に移ってしまう(昭和四十一年七月、ただし四十二年三月までは都市工併任)。したがって渡辺は修論の面倒は見てもらえなかった。しかし渡辺は指導教官を乗り換えることはしなかった。鈴木が東工大に去った後も鈴木に師事し、その博士論文完成まで鈴木の実質的指導を受け続けるのである。この辺りの鈴木の面倒見の良さ、異なった大学、異なった学科の壁を気にしない大らかさ、常識破りの精神には驚嘆すべきものがある。鈴木は東工大に移った後も都市工どころか、土木の交通研にも顔を出し、相変わらず学生の指導を続ける。

よく覚えている出来事に筆者の修論の際のことがある。実質的な指導の役割は中村に譲っていたのだが、鈴木は筆者の修論のデータ集めのための博多、長崎行きの飛行機に金を出した。昭和四十六(一九七一)年一月のことである。そして修論発表前日の発表練習にも顔を出した。恐らく助手の中村が連絡したのだろうが、それにしても驚くべき面倒見の良さである。そして、「お前の修論は良い。何故水平線が上に見えるかの謎が解けた」と励ましてくれたのだ(この修論については後述する)。ずっと後になって当時のことを鈴木に聞いた。その答えは「なに、誰もほめてやらないから、俺がほめてやろうと思ったんだよ」。どうも内容を完全に理解していたわけではなかったのだ。

鈴木は「どっこい生きている」という生き方が好きなのだ。つまり、時流からは外れているが、しこしこと自分が信ずる道を歩む、誰も注目してくれないが、評価されようがされまいが、そんなことは気にしない、そういう人間を応援するのである。かつての自分がそうだったからかも知れない。この、どっこい生きている式の我が道を行く筆者の研究を応援することにもまして、自分が生み出し、中村に後を託した景観研究の行く末が気になって仕方がなかったのだろうと思う。その現れが、修論発表前夜の交通研慰問だったのである。

(七)

昭和三十八(一九六三)年十一月に移った都市工には三年もいなかった。昭和四十一年(一九六六)七月には新設の東工大土木に移籍してしまったからである(都市工との併任だった四十二年三月までとしてもわずか三年九ヶ月である)。

結局この三年弱の都市工時代には教育、研究の弟子は一人しか育たなかった。しかし、本業の観光を継ぐ渡辺を得たことは大きかった。

土木、都市工を通算すると、鈴木の東大工学部在籍はちょうど丸五年(昭和三十六年七月から四十一年六月まで)。鈴木三十七歳から四十二歳、体力、気力ともに充実した年月であったろう。この短い五年の間に景観の中村、村田、樋口、観光の原、渡辺、交通の花岡、森地を育て上げたのだった。世には何十年も教師をやって一人の弟子を育てられない人間もいることを考えれば、驚異と言える実績であろう。

この弟子を育てるという鈴木の教育の伝統は、前述の弟子にも受け継がれていく。中村は北村真一(山梨大)、斎藤潮(東工大)、仲間浩一(九工大)、嘉名光一(大阪市大)、笹谷康之(立命館)。小林享(前橋工大)、吉村昌子（防災科学技術研究所）、馬木知子（東工大）、真田純子（徳島大）など多くの弟子を育てる。ただし、中村はこれらの弟子にこう言い渡す。学位は授与するが、単著を出さない内は、一人前とは認めない、と。渡辺は十代田朗（東工大）、安島博幸（立教大）、羽生冬佳（筑波大）等を、森地茂は岩倉成士（理科大）、屋井鉄雄（東工大）等を育て上げるのである。ちなみに筆者の門下からは林学時代の堀繁（東大）、上島顕司（国総研）、小野良平（東大）を、土木に移ってからは重山陽一郎（高知工大）、中井祐（東大）、平野勝也（東北大）、北河大次郎（文化庁）、福井恒明（国総研）、星野裕司（熊本大）等の諸兄が輩出している（以上、教育・研究者のみ）。

（八）

この五年間の東大土木、都市工時代、鈴木はどのような生活スタイルだったのだろうか。鈴木は昭和三十七年に渡辺正子と結婚した。鈴木三十七歳、晩婚である。本人のいささか冗談めかした言い方によると、禿げる前にという思いの結婚だった。本人は結構気にしていたようで、これはかなり後の話になるが、筆者の長髪を気に留め、髪をバサッとかき上げる手まねをして、髪がたくさん有るのを見せびらかすためか、というような言い方をして当方をからかうのだった。全共闘時代の学生の流行で筆者は当時髪を伸ばしていたからだった。昭和四十四、五年の頃の話である。鈴木はもう禿げていた。

結婚した鈴木はいつまでも実家に厄介になることはできず、住宅公団の前原団地の中に新居を構えた。「なかなか当たらなくてねぇ」、というのが当時を回想する鈴木の言葉である。東京に人々が集中し始めていた昭和三十年、四十年代は住宅難の時代であった。前原団地は総武線の津田沼駅からバスで十分から十五分の所にある。鉄筋コンクリートの五階建て、エレベーターはもちろんない。当時の庶民が憧れたモダンな住宅団地である。

平成十八年七月二十七日、筆者はこの前原団地を訪れてみた。行きは津田沼ではなく、新京成電鉄の新津田沼駅から電車に乗り、一駅目の前原駅で降りて団地まで歩いた。前原駅からなら歩けるのだが、新津田沼駅が不便なのである。総武線の津田沼駅まではかなりの距離がある。東大に通うには総武線に乗らなければならない。やはりバスで津田沼駅に出たのだろう。

「旧いモダン」な住宅団地の幾棟かはまだ残っていた。しかし大半は壊されて高層の住棟に建て替わっていた。鈴木が新婚生活を送っていた頃から勘定するとほぼ四十年である。鉄筋コンクリートの住棟の寿命は存外に短い。

帰りはバスに乗って津田沼駅に出た。鈴木の通勤ルートである。津田沼からお茶の水へ、ここからは都電で本郷まで。時間にすればおよそ一時間という所だろうか。この「遠距離」通勤は鈴木には耐えがたかった。せっかく「当てた」前原団地を後にして、西方のマンションに居を移すことになる。地番でいうと、文京区西片一丁目一の十四番地、西片本郷マンションである。

ここにも出かけた。平成十八年八月十一日。白山通りを後楽園から北上し、小石川電話局手前を東に入る。右手は本郷台地になっているから、曲がりくねった急坂を登らなければならない。ほぼこの急坂を登りきった右手にそのマンションはあった。当時のままである。このマンションは本郷台地の西南端の崖の上にあり、当時は眺めが良かったろうと思われる。思われるとしか書けないのは、さすがに住戸の中には入れないからである。現在では白山通り沿いには高層のビル、マンションが建ち並び、かつての眺めは望むべくもない。

ここから東大工学部までは西片一丁目、二丁目を抜け、本郷六丁目へ出ればよい。徒歩で十五分といったところだろうか。鈴木は仕事を終えると一旦家に帰り、子供を風呂に入れてからまた、大学に戻ったという。鈴木の理想とする職住近接のマンションだった。鈴木はこの生活を約五年にわたって楽しんでいたのだ。

八月十一日に鈴木のマンションを訪れたと書いた。訪れて吃驚したのは、何とここが漱石が南早稲田に移る前の一年弱を過ごした所と近接していたことだった。千駄木の家（現在犬山の明治村に保存されている）の立ち退きを余儀なくされた漱石は、この西片一丁目の借家に移り住んでいたのである。『三四郎』にある暗闇先生の引っ越しに出てくるように、漱石の弟子共は大八車に家財を乗せて、千駄木の家からこの西片一丁目に移ってきたのであろう。漱石の時代にはもちろん白山通り沿いのマンションもなく、そもそもが広幅員の白山通りもなかったのだから、漱石の家からは小石川の植物園も見え、何にもまして夕焼けが美しかったのだろうと思う。恩師鈴木忠義のマンションと最も尊敬する夏目漱石の西片の家、それがほとんど同じ所だった。こういうことも世の中にはあるのだ。

いつの頃からとは確認できないが、都市工時代の鈴木研には学生以外の人間も出入りしていた。下関市や瀬戸内、草津（群馬県）の観光計画の仕事を引き受けていたから、作業を行う人間が必要だったからだ。大橋清治、毛塚宏を始めとする人間が集まり、それが後に観光計画を専門とするコンサルタント、ラック計画研究所となる。鈴木は大学で教育・研究に従事する一方で、コンサルタントの仕事も行っていたのである。このような仕事のやり方は、鈴木に特殊なものではなかった。ボスの高山英華こそ建築学科からの横すべりだったものの、丹下健三はもともとが建築設計事務所をやっていたのであり、他の日端にしろ下総にしろ住宅公団で実務をやっていたのだから、外から仕事を頼まれれば当然のごとくにそれをこなしていた。当時丹下研に属していた加藤源（東大建築、昭和三十八年卒、都市計画家）の言によれば、丹下研は建築設計事務所の所員と学生、院生が入り乱れ、区別すらつかなかったという。このような仕事のやり方が、後に学生をチープレーバーとしてこき使うと批判され、都市工が東大闘争の一つの拠点となる要因となったのである（東大闘争については後述する）。何はともあれ、鈴木が教育（講義と論文指導）と研究（論文を書く）に充足する古典的な土木の教官像に収まってはいない教師だったことは確かである。

予定通り都市工には移ったものの、先に書いたように鈴木のポストは安定したものではなかった。八十島が都市工に移ってその下に入るはずだった都市交通の研究室には井上孝、新谷洋二がおり、鈴木は徳平の下水道講座の居候助教授だったからだ。これでは教授に昇進する可能性は皆無に近い。折良く、鈴木にとっては運の良いことに東工大に土木工学科ができることになる。東大が全面的に支援するという約束で、東工大に土木が発足したのである。この東工大土木の一期生の卒業は昭和四十三（一九六八）年三月だから、昭和三十九年に一期生が入学したのである。交通研究室の教授は八十島が併任し、その東工大の交通研究室の助教授として、鈴木は昭和四十一（一九六六）年七月に移籍する。八十島が鈴木を、将来都市工にという含みで土木に引っ張ってきたのは昭和三十六（一九六一）年七月だったから、その時点ではまだ東工大土木の話は具体化していなかったはずである。鈴木は運に恵まれていたと言うべきだろう。この東工大土木の話がなかったら、鈴木は都市工の万年助教授であり続けていたかも知れない。

もっともこういう話もある。鈴木本人の弁である。東工大土木の話にメドがついて、都市工のボス高山の所へ挨拶に行ったところ、なんで俺に相談しないで決めたのだと高山が言ったという。先に述べたように、高山は都市工に造園的な専門が必要だという認識だったから、鈴木が抜けるのは痛かったのだろう。俺が（都市工の中で）その内に何とかするという口振りだったという。高山の研究室は都市計画ではなく、都市防災だったから防災にひっかけて造園育ちの鈴木の処遇を考えていたのかも知れない。高山は鈴木を買っていたのである。また、さらに違う話もある。東工大へは八十島の指示ではなく、石原舜介に呼ばれて行ったのだと。これは鈴木本人の弁である。それが、東工大土木のときの話なのか、社工のときの話なのか、おそらく土木から社工へ移ったときの話なのだと思う。高山も建築から出て都市計画の分野を拓いた人物だったから、鈴木のパイオニア精神はよく分かっていたのだ。古典土木の教官達とは大きな違いである。そして都市工では高山の下の川上秀光も、丹下の下の大谷幸夫も、独立の気風を持つ人物だった。この辺の中堅とも鈴木は気があったのではないか。鈴木の口から都市工の教官の悪口は聞いたことがない。

その代わりというと変だが、土木の若手、中堅の教官達の悪口はさんざっぱら聞かされた。筆者が院生だった昭和四十年代半ば頃の話である。鈴木が中川三朗に「あいつらは群れている」と言ったことは先に書いたが、より具体的に個人を指して言う悪口は「茶坊主」だった。上司の気をうかがい、上司のご機嫌を取る人物を評する、あの茶坊主である。当時は誰のことを指しているのかは分からなかった。鈴木もさすがに、若い学生相手に個人名を出すことはしなかったからである。しかし今こうやって鈴木が在籍していた頃の土木教室の顔ぶれを点検してみると、鈴木が誰のことを指して茶坊主と言っていたのか、おおよその見当はつく。鈴木の卒年は昭和二十四年だから、この辺りから昭和三十年前後卒業までの中堅、若手の助教授、講師に違いない。ただ現在の時点ではまだ差し障りがあるから、ここには書かない。

鈴木は都市工の雰囲気が性に合っていたのではないかと思う。そこには東大建学以来の伝統を持つ土木のような重苦しさはなかった。できたばかりの学科であった。また、教官連も実務を経験した人間が中心であった。この象牙の塔とは正反対の「仕事」中心の雰囲気も好きだったに違いない。思い返せば鈴木が学生時代に過ごした西千葉の第二工学部がそうだったのである。鈴木がそこまで意識していたか否かは分からないにしても。しかし鈴木のボスは八十島であり、高山ではなかった。土木に引っぱってくれた八十島に逆らうことはできない。鈴木は丸五年の土木、都市工の東大に別れを告げて、緑が丘の東工大に移る。本心は都市工を去りたくなかったにもかかわらず、と筆者は推測する。

九章　東工大

（一）

鈴木の良い所は、いかにも東京人らしく、また家の職人気質を受け継いで、サバサバしている点である。いつまでも未練たらしく、くよくよすることはしない。

状況が変わったら変わった状況を受け入れて全力を尽くそうとする。何時の時点だったかは分からないが、新しい職場（東工大土木）の所在地が東急電鉄大井町線の緑が丘駅に移るや否や、本郷の西片のマンションを引き払っている。これを期にという思いもあったのだろう、奥さんの実家に義理の両親と同居することになった。所は世田谷区、井ノ頭線の池ノ上駅から歩いて数分の距離である。新しい通勤路は池ノ上から渋谷へ、渋谷から自由が丘（東横線）、自由が丘から一駅で緑が丘である。一旦帰宅して子供を風呂に入れて再び大学へ、というわけにはさすがにいかないが、それでも時間は四十五分といったところであろう。ここでも職住近接は貫かれている。後に東工大を退官して東京農業大学が新しい勤務先（経堂）になるが、通勤は東工大にもまして便利になっている。池ノ上から下北沢で乗り換えて、小田急で4駅目。三十五分といったところか。こうして鈴木は池ノ上に永住の地を得たわけであるが、冒頭の部分に紹介したように、「地球の裏側に来たかと思ったよ」と感じたのだった。もちろん、出身地の向島や本郷のマンションより良い「裏側」であった。

同じ助教授で移った東工大であったが、今度は直属の部下（助手）を雇うことができるようになった。東大の都市工では助教授とはいうものの、間借りの助教授だったから部下を雇うことはできなかったのである。初めて手にすることのできる直属の部下だった。

鈴木は教え子の内から昭和四十一年卒業組の森地茂を選んだ。一説によると、三十九年卒の山本卓朗を選んだのだが本人に断られたのだという。山本も森地も国鉄に就職している。国鉄は三十九年十月一日の日に（東京オリンピックの開幕は十月十日）、東海道新幹線を開業させた。当時の電気、機械、土木の技術陣は意気天を衝く時代だった。もっとも新幹線がなくとも、土木にとっての国鉄は戦前の鉄道省以来の伝統を持つエリートの職場だった。山本も森地もトップクラスの学生であったわけだ。

しかし森地の東工大助手人事にはさまざまな障害があった。

何せこの話があった昭和四十一年の夏は、森地が国鉄に就職してわずか三、四ヶ月にしかならない時期だったからである。まず森地の父親が反対した。京都西陣の旦那だった父親は、「せっかく国鉄のようなええ所に入ったのに」と反対したのである。確かに東大の土木を出て国鉄に入れば、将来は本社の局長であり、またその上の技師長も可能である。人によっては総裁にもなっているからである。出世は約束されているのである。事実森地の能力を持ってすれば、そうなっていたことは間違いない。昭和六十一年、国鉄は解体民営化されたから昔のようにはいかなかったろうが、筆者の同期昭和四十三年組の何人かは、

JR東日本、西日本の常務（かつての局長相当）になっているのである。あれほど国鉄の赤字を増大させた元凶は土木、と国鉄の事務系から憎まれていたにもかかわらず。

ここで、西陣のある京都は、アンチ東京、反中央の、反骨都市だったはずではないか、という声が出るかも知れない。筆者は京都人ではないので本当のところは分からないのだが、京都のアンチ東京、反中央にはかなり屈折した感情があって、事はそう単純ではないのである。アンチ東京、反中央の京都にあって、その急先鋒と目される京都大学の先生にしても中央の審議会、委員会にはいそいそと上京するのである。外見は本意ではないのだがと装いつつ。東京、中央嫌いではありつつも、やはり東京、中央に認められるのは、本心では嬉しいのだ。だから息子が出世間違いなしの国鉄に入れば、「東京などに出て行って、あいつはしょうもない人間で」と言いつつも、それは親戚や隣近所に対する自慢となるのだ。皆そういういささか屈折した思いを持っているのだから。

鈴木の偉い所は、世間的に見れば自分の部下になる、たかが助手のことでも、自らが出向いて行ってお願いする、その行動力と誠実さである。鈴木は京都に出かけ、直接に森地の父親を説得した。これには父親も折れざるを得なかった。何せ本人（森地）がその気になっているのだから。

難関はもう一つあった。こちらの方がより厳しかった。国鉄当局、より正確に言えば、東大土木出身の国鉄幹部が難色を示したのである。それはそうだろう。将来の幹部候補を採ったつもりが、一年も経たないうちにやめると言うのだから。人事に穴があく。森地が入っていなければ、別の人物を採れていたはずである。国鉄を希望するエリート学生はいくらでもいるのだ。以下は最近になって森地本人から聞いたエピソードである。困った森地は最上武雄教授の部屋にいた。森地を大学に戻すなら国鉄にも考えがある。来年からは東大土木の学生は採らない、という話（脅し）である。最上はソファーの上に寝そべってパイプを吹かしながら、秘書に国鉄の某氏に電話を掛けるように命じた。電話に出た最上はこう言ったという。「来年からそちらでは本学の卒業生を採らないと言っているそうですが、当方では来年から卒業生をそちらには送りませんので、よろしく」と。最上は電話を切って森地に笑いかけ、すぐに電話が来るよと言った。その予想通り、すぐに国鉄から電話が掛かってきて、一件は落着したという。最上はそれほどまでに偉い先生であったのだ。最上にとってみれば、前年（昭和四十年四月）に道路公団から東大に戻した中村良夫に引き続く、鈴木の強引な人事だった。中村も森地も最上にとっての直接の指導学生ではなかった。しかし最上はこの二件の人事をよしとした。鈴木の選択眼を信じていたのだろうか、あるいは八十島の評価を聞いていたゆえであろうか、それは分からない。

こうして森地は国鉄に就職すること、わずか半年にして、東工大土木の助手になったのだった。先にも述べたが、直属の部下第一号である。

鈴木が中村、森地に目を付けた理由は分からない。おそらく鈴木にはない、頭の良さであろうと思う（失礼）。中村は少々違う所があるが、山本にしろ、村田にしろ、森地にしろ、勉強のできる秀才タイプの人間である。これが普通に考える理由である。だが多少とも鈴木の言動を間近にいて知っている者なら、より根本的な評価軸に基づいて鈴木が人を選んでいることに気づいているはずである。それは「パワー」である。

鈴木は人を評してよくこのパワーという言葉を使った。最もよく使われた言い方は、「あの人はパワーがないでしょ」という否定的な言葉である。鈴木にあっては、いくら頭が良くとも現状を打破するパワー、人を動かすパワー、新しい分野を切り拓くパワーがない人間は失格なのである。鈴木は中村と森地に、このパワーを認めたのだろう。さらに言えば、かつての上司八十島も、さらには紳士だった土木のボス教授最上も、鈴木にパワーを認めていたのだろう。だからその教え子の中村、森地の人事にも口を挟まぬどころか、積極的にバックアップしたのだ。

(三)

自身が昭和四十一(一九六六)年七月に赴任し、森地を同年十月に助手に迎えた新しい職場、東工大土木工学科はしかし、鈴木にとって余り居心地のよい職場ではなかったと思われる。鈴木の上になる教授達、同僚になる助教授連のほとんどが鈴木のいう古典土木の人間だったからだ。専門は水理学、土質力学、コンクリート、道路工学、計画系の人間は併任の八十島教授のみだった。出身は東大本郷の、アカデミック育ちの人間ばかりだった。これらの古典土木の教授、助教授には鈴木がやっている観光レクリエーションや景観工学が学問であるとは思えなかったろう。その気持ちは分からぬこともない。しかしいつまでもそのような眼で物事を見ていては新しいものは生まれ得ない。

鈴木の支援者だった八十島は教授とはいえ、東大との併任だったから、滅多に顔を見せなかった。また、古典土木とはいえ、慧眼の士だった最上もいなかった。そして、高山のような上司も、その下でともに苦労した川上のような同僚もいなかった。新進の活気に満ちた日当りのよい場所(都市工)から、空気の澱んだ旧い建物に戻ったような気持ちだったのではないか。東工大土木で鈴木は孤立していたのである。この昭和四十一年から四十四年四月に同じ東工大社工に移って教授になるまでの間、鈴木にとっては最も苦しい時期だったのではないかと思う(社工には社工のまた違う確執があったのだが)。鈴木が弱音を吐くのを、間接的にでも聞いたことはない。鈴木は愚痴を言ったり、ぼやいたりすることを極度に嫌う。それはパワーのない人間のすることなのだ。しかし、この時期の鈴木がイライラしていて、怒りっぽかったことについては、いくつかの証言がある。

すでに社工に移っていたが、村田隆裕が助手だった昭和四十五、六年頃、出校してきた鈴木にわけもなく怒られたことがあるという。後で分かってみると、朝出がけの夫婦喧嘩の余波だった。その喧嘩の原因は分からないが、何かと不愉快な日頃のイライラが伏線をなしていたことは確かであろう。また土木時代、昭和四十四年卒、東工大土木の二期生永井護（現宇都宮大学教授）は何かにつけて怒られていたという。卒論で鈴木に付いた昭和四十三年から四十四年にかけての時期である。昭和四十三年から始まった東大闘争が東工大にも波及して、大学自体が荒れていたことも大きかったのかもしれない。

漱石が言う「倫敦の二年間は余にとって最も不愉快な二年であった」にならって言えば、「東工大土木の二年九ヶ月は鈴木にとって最も不愉快な二年九ヶ月であった」ことだろう。

森地を助手に迎えたのは、前述のように昭和四十一年十月だった。この人事以降、鈴木は自分の所の助手の期限は二年と決めていた。どうしてこういうことにしたのかは分からない。この期限は厳格だった。鈴木研の助手森地は併任だった八十島の後に、専任として国鉄から来た菅原操教授（東大土木昭和二十四年卒、第二の鈴木の同期）の助手に移籍する。これを期に森地は専門を観光と交通から、より一般の交通に移す。この変更により、森地は八十島、中村英夫（元東工大社工助教授、東大教授、現武蔵工業大学学長）の後を継ぐ、交通計画、国土計画の重鎮となるのである。森地の後任の助手は村田がなった。景観の学位論文を仕上げた村田にポストを与えたのである。しかし期限は期限だった。四十六年三月、村田は科学警察研究所に去る。同年四月に次の助手となったのは観光の秘蔵子、渡辺貴介である。この渡辺も四十八年三月にラック計画研究所に去る。故渡辺の言によれば、年末ぎりぎりに電話がかかってきて、来年の三月までだからなと言われたという。極めて不愉快な昭和四十八年の正月だったと述懐している。渡辺の面倒は東大の演習林時代の教え子、三田育雄がみたのである。後に来たのは、これまた学位論文を仕上げ途中の景観の樋口忠彦だった(山梨大、新潟大の教授を経て京大教授、現広島工大教授)。この樋口もやはり二年で東工大を去り、後には東工大土木出身の永井が助手になるのである。樋口の面倒は東大土木時代の教え子、花岡がみた。母校の山梨大に迎えたのである。

鈴木がどういう考えで、この期限二年という助手の人事システムを決めたのか、本人の口から直接聞いたことはない。しかし推測することはできる。鈴木は多産の人であった。先にも書いたように、鈴木程多くの弟子を持つ人物はそうはいない。その多くの弟子に平等にチャンスを与えようと考えた末に出てきたのが、この助手二年というシステムだったに違いない。森地は例外としても、村田以下、学位論文を仕上げた人間にポストを与え、二年の内に何とかして、次の人間に、ポストを譲るという、チャンス平等のシステムなのである。

ただし、この鈴木のシステムは適用される当人にとっては厳しい。わずかに二年で次のポストを見つけるのは普通ではできない。結局面倒を見たのは、鈴木の友人であり、鈴木のかつての教え子だった。鈴木自身は次のポストを用意することはなかったのである。しかし結果的には、この鈴木の二年システムは大成功だった。村田を除く全ての、かつての鈴木の助手は、皆それなりの大学のポストに収まり、「鈴木人脈」を形成することになったからである。鈴木も運の強い人間だったが、その弟子達も運の強い人間だった。弟子達の最終ポストは以下の通り。森地、東工大土木教授、東大土木教授。渡辺、東工大社工教授。樋口、京大土木教授。永井、宇都宮大土木教授。そして最初の弟子中村は、東工大社工教授、京大土木教授である。

ただし、数多い弟子の内で、鈴木が最後まで面倒を見たのは極く限られている。一番弟子の中村、秘蔵子の渡辺のみではないか。中村は東大生研からスカウトした中村英夫が東大へ転出するに伴って(後述する)、ちょうど入れ替わるように自分の研究室の助教授として東大から迎えた(昭和五十一年)。鈴木は自分の後継者の位置に中村を据えたのである。また渡辺はラックに勤めた後、八十島の世話で長岡技術科学大学に勤めていた。東工大H.教授の怪死に伴いポストが空いたため、鈴木の尽力により東工大社工に復帰したのである。

(三)

鈴木は都市工の時代から外部の委託を受け、観光レクリエーションの仕事をしていたと先に書いた。この、いわゆる外の仕事は東工大に移って一層活発になり、それが昭和四十四(一九六九)年四月のラック計画研究所の設立につながるのである。鈴木は演習林の助手時代、「不用になったらいつでも言ってください。コンサルタントをやりますから」と公言していたとも書いた。この言は将来に昇進の見込みのない演習林時代の発言である。しかし既に述べたように、八十島のいない都市工時代においても状況は改善されたわけではなかった。もしタイミング良く東工大に土木ができなければ、鈴木は本当にコンサルタントに転身したかもしれないのである。もしそうなっていたら、そのコンサルタントとはラック計画研究所のごときものとなっていただろう。つまり、ありえた、もう一つの鈴木の生き方をトレースする意味で、このラック設立に至る経緯は欠かせない叙述なのである。そしてその主役は農学部時代の教え子、三田育雄である。

学生、院生を巻き込んでの鈴木の「外」の仕事は既に昭和三十六、七年頃から始まっていた。三田の証言を基に、以下にその動きをトレースしてみる。

昭和三十六（一九六一）年、鈴木は高速道路調査会に頼まれ、高速道路（名神高速道路）のサービス・エリア（S.A.）、インターチェンジ（I.C.）の敷地計画、植栽計画のモデルプランを作っていた。メンバーは、昭和三十六年七月に鈴木が土木に抜けた後に林学の助手となる塩田敏志《さとし》（東大林学昭和二十六年卒）、三田と三田の同期の小島道雅、仲健三（後に建築へ学士入学、国鉄の営繕に勤務）である。「絵は三田、小島、仲が担当し、まとめ役は塩田だった。塩田は後に昭和四十八年十二月に設置された林学科森林風致計画研究室の助教授となり（教授は当時東工大社工にいた鈴木の併任）、その後教授となって研究室を主宰することになる人物である。林学を二十六年に出て建築に学士入学し（日本建築史の研究室）、修了後法政の建築に勤務していたところを鈴木に呼び戻されたのである。スキー山岳部に属していた山男である（何故か林学の人間には山男が多い。いや、何故か、ではなく林学だから当たり前かも知れない）。

鈴木は塩田のことを「八ちゃん」と呼んでいた。あの「熊さん、八っぁん」の八ちゃんである。その理由をあらたまって聞いたことはないが、塩田が東京育ち（ただし山の手）の気っぷの良い性格であったこと、短気でせっかちだったことからきているのだと思う。後年（昭和五十年十月以降）、筆者がこの森林風致計画研に助手として入り、身近に塩田に接するようになって、この愛称はぴったりとはこなかったものの、成程と納得したものだった。登山にも使える靴底の厚いチロリアンシューズで研究室の床をキュッキュッと鳴らしながら歩き回り、くわえ煙草の灰をそこら中にまき散らしているのが常だった。粋ではなく、意気が良く、てきぱきと活動的だった。会話も歯切れが良かった。じっくりと沈思黙考する学者タイプの人間ではない。やはり、江戸っ子の一タイプ「八ちゃん」なのである。

ラック設立の中心となる三田は、昭和三十七（一九六二）年三月に林学を卒業し、同年四月に大学院に進学する（造園学教室）。同期の小島と共同研究を行いながら「外の」猪の頭苑地（富士山麓）の開発計画等をこなしていた。昭和三十九年三月修士修了、先輩（誰であったかは分からない）に誘われ、同年五月のイフラ（国際造園学会）の大会に出席し、それが縁で米国のピンクニー事務所（造園）に勤務することになる。ここには昭和四十一年一月までいた。

一年七、八ヶ月というところだったのだろう。帰国後、鈴木の実質的指導教官だった加藤誠平の推薦で、道庁に勤めることになる。札幌の郊外、野幌の森林公園の仕事だった。北海道開拓百年を記念する大プロジェクトである。この仕事は面白かった、と三田は言う。そのまま順調にいけば三田は、いつまで道庁にいたかは分からないが、北海道で伸び伸びと仕事を続けていたかも知れない。米国のピンクニー事務所以来鈴木との縁は切れていた。

しかし、昭和四十四年一月、三田は帰京せざるを得なくなる。父（画家）が死去したのである。この時点で鈴木は東工大土木の助教授、同年四月には社工の教授となる。前述のように盛んに「外」の仕事をやっていた。外の仕事は東工大鈴木研に委託の形で入ってくる。こなしていたのは前述の毛塚、大橋だった。毛塚宏は東京農大の高橋進教授のもとから、大橋清治は東大土木交通研の技官だった。

当時二人とも東工大の研究生だった。高橋は日観協の仕事仲間である。東工大にも昭和四十三年からの東大闘争の波が及び始め、学内は騒然としていた。東大の都市工と同様に、研究室のスペースを使っての仕事はやりづらくなっていたはずである。何せ、今日では考えられないが、「産学協同」が粉砕の対象となっていた時代なのである。大学は官はもちろんのこと、産業界からも独立して、学問、研究を行うべしというのが全共闘の主張だった。世の中全般もその主張を是認する風潮だった。学問の独立、自律こそが大切とされていたのである。

こういう状況の中に三田が札幌から帰ってきた。鈴木の「外の」仕事をどう続けるか。仕事を放り出すわけにはいかない。何よりも毛塚、大橋等の面倒を見なければならなかった。鈴木と三田は何度も話し合ったはずである。結論は会社を設立して大学と切り離すこと、その責任者に三田が座ること、だった。こうして株式会社ラック（LAC）計画研究所がスタートした。ラック（LAC）という命名は、Landscape（造園）とCivil Engineering（土木）から来ている。事務所は自由が丘に構えた（後に四谷へ、さらに京王線の笹塚に移る）。三田他四名のスタートだった。前述の毛塚、大橋に西村豊、高橋雅則が加わっている。設立以降、鈴木は仕事の内容にタッチしていない。これは三田の自立心と度胸が大きかった。仕事は鈴木の筋からもらうにしても、中味と経営は自分が責任を持つ。その点を明快にしておきたかったのだろう。三田の言によれば、三井物産から相模湖ピクニックランドの計画・設計を受けて、会社の基盤ができたのだという。

とはいえ、会社の切り盛りは大変だったと思う。なにせ四人も人を抱えているのだから。随分後のことになるが三田にはこういう話を聞いた。どうも調子が悪いので医者に行くと十二指腸潰瘍との診断だった。医者は三田にこう言った。これはストレスが原因ですから会社の上司に言って、職場を変えてもらいなさい、と。三田は苦笑するしかなかった。社長が職場を変えることはできない。

三田は鈴木の弟子を、また大学の後輩の面倒をよくみた。前述のように鈴木の助手を二年で首になった渡辺を迎え入れ、林学の後輩、下村彰男を入れる（後に母校に戻り、現在教授）、といった具合である。実は筆者も三田の世話になっている。ラックに入れてもらったわけではないが、東工大の研究生で浪人していた筆者を（後述）、林学の助手に推薦したのは三田であった。筆者は三田の後輩でもなんでもないのにも係わらず。母校の森林風致計画研に喝を入れるために推薦したのだと後になった聞いた。

三田は無愛想な部類の人間に属する。しかし人間を見る眼は確かだった。実行力も人をまとめる力もある。一寸変な言い方かもしれないが、恩師の鈴木よりもはるかに大人であった。鈴木の弟子や、鈴木が引っぱり込んできた人間の面倒を見たのである。

社長だった三田はラックの定年を五十五歳と決め、自分も五十五でラックをやめ、東北芸術工科大学に転身して山形に去った。まことに爽やかな引き際であった(なおラックはその後輩達が受け継いで今日に至っている)。

最後に三田の鈴木評。鈴木は弟子達を部下として意識したことはない、弟子は鈴木にとっては年下のパートナーであったという。自由度を与え、決して強制する、縛るということはなかった。

三田が証言するこの感覚が、鈴木をして多くの弟子を輩出させた秘密なのかも知れない。

(四)

昭和四十四(一九六九)年四月、鈴木は教授になって社会工学科に移る。四十五歳だった。この教授四十五歳という年齢は、鈴木のそれまでの経歴からすれば、そう遅いというわけではない。

むしろ恵まれた昇進だったといえるかも知れない。ただし東工大の社工は半講座体制をとっていた。普通なら一講座は、教授一、助教授一、助手二、で構成される。だから教授になれば下に助教授を持つことができ、助手も二人採れる。四十五年に博士号を取った村田や、その後の渡辺も助手ではなく助教授として採ることも可能である。いや、すぐに助教授は無理としても、助手で何年か置いて助教授にすることができたはずである。しかし半講座では部下は助手一人にしかならない。助教授は別の専門の人間がそのポストを占め、そこに口出しすることはできない。この半講座という社工独特の体制が、鈴木に助手の期限二年という人事システムを採らせた原因だった。

この半講座制という体制が良いか悪いかの判断は人によって分かれるところだろう。半講座にすれば講座の数は倍になるから、学科としては多様な人間を採ることができる。つまり教官の多様性という点からすれば良いシステムである。また、鈴木の言う「茶坊主」の数も減ることだろう。さらには普通十五から二十歳年上の教授が辞めるまで助手のままでいることは辛いから(教授と十五歳違いの助手なら教授六十歳定年の時点で、助手は四十五歳ということになる。これは耐え難い)、助手は同じポストに居続けることはできず、少なくとも一度は外に出ることになる。その結果、人事交流が活発化し、大学に起こりがちな、澱んだ重い雰囲気となることを防ぐことができる。社工を創設した幹部教授連は、以上に述べたような利点を考えて半講座体制を採ったのではないかと思う。

しかし、もちろん欠点もある。それは後継者を育て難いという点である。世代交代も考えると、教授、助教授、助手という縦のつながりは年齢にして、十五歳程度の違いでつながっていることが望ましい。助教授が抜けて三十も離れてしまうと、どうしてもつながりは切れてしまうのである。この欠点は社工のボス教授達はもちろん分かっていた。彼らは自分の下に部下の助手を持つと同時に、本来別の専門であるはずの別の講座の助教授にも自分の教え子を当てていたのである。こうすれば後継者に関しては安心ということになる。このようなボス教授達の巧みな(ずるい)人事運用に外様の鈴木は気づいていたかどうか。人の良い鈴木のことだから、気づいていたにしても、非難するようなことはしなかったはずである。土木から社工に移っても相変わらず鈴木は独りぼっちだった。

また、古典土木に囲まれていた土木から移った社工で、職場の雰囲気が改善されたかというと、それは微妙だった。折から参画することになった沖縄の開発プロジェクトを通じて、社会学の原芳男教授等と親しく付き合うようになり、鈴木の「外」の仕事の楽しさは復活した。ただし、学内ではそうはいかなかった。

東工大の社工は、東大の都市工に倣って設立された学科だった。つまり従来からの建築や土木といった狭い枠を脱して、より総合的に都市問題に取り組むべく設立された学科だった。しかし、社工は都市工とは違っていた。都市工設立の母体は建築と土木だった。社工はその上を行こうとした。社工に集められた教官の出身分野は建築、土木に加え、経済、社会学等だった。もちろんこの多彩さは都市問題に取り組むためには好ましい。形式上はそうなる。ただし、実態は形式では動かない。最大のネックは各専門分野の学問に対する価値観の相違である。

批判を承知の上で極く大雑把にその違いをいえば、建築、土木の出身者は「外」の仕事にも係わって現実の社会を動かそうとする。それが計画・設計系の教官の社会的役割であると考えるのである。一方の経済や社会学系の教官はそうは考えない（小泉内閣に登用された竹中平蔵慶應大教授に代表されるように、昨今の経済学者には現実の社会にコミットしようとする人物が増えているが、昭和年代にはそのような学者は皆無に近かった）。現実の経済、社会活動を分析し論文を書くこと、それが大学人たる研究者の使命なのだった。いやより理想的には、現実をも離れて、理論的なペーパーを書くこと、それが最も重要な事だった。したがって、ここからは「外」の仕事に参画する等という発想は出てこない。

このような価値観の相違に加えて、社工の教官には、これは属人的な事になるが、癖のある人が多く、衝突は随所で起きた。簡単な言葉でいうと、社工はひどくまとまりが悪かったのである。

東大の都市工では、その「文化の違い」を自覚していたためだろうか、都市工とはいいながらも、学生の駒場からの受け入れも運営も、実質的には別になっていた。建築出身四に土木の交通を加えた五講座の「都市計画」コースと、土木の下水道を母体とする三講座の「衛生」コースがそれである。しかし、東工大の社工には都市工のようなコース制は敷かれなかった。運営がうまく行かないのも当然だったかも知れない。

このような出身母体を異にする混成部隊にはいささか屈曲した心理が存在する。以下は筆者の見解にすぎないが、先述したような経済や社会学の教官達が、学科における自らの存在感を押し出そうとして、純粋に学問を持ち出せば出すほど、では経済なら経済、社会学なら社会学を看板とする経済学部や社会学科と何が違うのかという問題に突き当たらざるを得ない。それは、あなた方は経済や社会学の出店、二軍なのですかという問い方になる。もちろん当人もこれには気づいているから、心理は屈曲せざるを得ない。土木や建築では非構造系（構造、材料、設備以外）はもともとが傍流であるから、社工で都市計画をやっています、再開発をやっています、あるいは都市交通や観光をやっていますと主張すれば済む。それは母体から見れば傍流かも知れないが、アイデンティティに悩むことはないからである。デザイン（意匠）を志す建築系の人間を除いて。以上の如き屈曲した心理が学科内にあるから（いっそのこと表に出してしまえば良いのだが、それは表には出せない）、学科内の人間関係は一層ギクシャクとするのである。この運営が和やかに、フランクにいかないという傾向は、社工教官の初代のみならず、三代目の現在に至っても残っているという。学問上の価値観の相違、社会における役割の自覚の相違、出身母体との関係。問題の根は深く、解答を見出すことは容易ではない。

（五）

以上に述べて来た社工の雰囲気、社工における（東工大出身ではないという外様の）鈴木の立場を如実にかいま見たのが、東工大社工における鈴木の最終講義の場面だった。

当時、つまり昭和五十七（一九八二）年の時点では東工大の教官の定年は六十歳だった。鈴木は日観協以来の旧友高橋進の誘いを受け、定年まで二年を残す五十八歳で東京農業大学（以下農大）への転出を決めていた。農大に博士課程の大学院を設置するに当たり、「丸合」を持つ教官が不足していたことによる誘いだった（丸合とは大学院生を指導し、修士、博士の論文の審査に当たることのできる資格を指す。その教官が丸合か否かを実績により判断するのは文部省である。これは今も変わらない）。

一番弟子の中村良夫が完全に独り立ちし（東工大社工には昭和五十一年に来ていた）、気にかかっていた観光の秘蔵っ子、渡辺貴介も既に東工大社工に戻すメドが立っていた。後はこの二人に任せておけば大丈夫だ。ちょうど良い潮時だと鈴木は思ったことだろう。昭和五十七年三月で鈴木の（土木、社工の）東工大生活は十四年八ヶ月になろうとしていた。東大の（土木、都市工の）五年に比べればはるかに長い。東大演習林の十二年三ヶ月を超える在職年数だった。

その当時、勤めていた筑波の建設省土木研究所から駆けつけた筆者の眼に映った大教室の空気は異様だった。ビデオは若手の職員、学生達によってセットされ、大教室の会場はそれなりの人で埋まっていた。だから全くの学外者にとっては極く普通の最終講義の風景に思えたろう。しかし多少とも社工、土木の内情を知るものには違和感があったはずである。現住所の社工からも、その前に在籍した土木からも、出席している教官（教授、助教授、助手）は数える程しかいなかったからである。聞いてみると、どうやら同じ時間帯に社工の教室会議が開かれているとのことだった。それが定例のものなのか、臨時のものなのかは判然としなかった。鈴木が諸々の都合でこの時間に強引にセットしたのか、何か緊急なことで教室会議が急遽開催されたためか、それは分からない。いずれにしろ、鈴木の東工大最終講義は同僚の教授、後進に当たる助教授、助手のほとんどが不在の中で行われたのである。これは筆者の眼には異様に映った。あるいは、定年を二年も残して農大に去ってしまう鈴木の身勝手さに対する当てつけだったのだろうか。ほとんど例外なく、大学の人間は定年一杯までその職に留まろう（しがみつこう）とするのが、世の常なのだから。鈴木の進退が東工大の教官達に嫌味に見えたとて不思議ではない。

真相は分からない。しかし今になって振り返ってみると、異様な空気と感じた筆者の眼の方が偏っていたのかも知れない。また、解釈がうがち過ぎだったのかも知れないとも思う。

平成元（一九八九）年十一月に母学科の東大土木に戻って以降、筆者は数多くの先輩の最終講義の場に立ち合ってきた。土木はもちろんのこと建築、都市工の最終講義にも出席した。会場は程度の差こそあれ、常に満員で、司会を務めることが定例になっている教室主任（専攻長）は当然のこととして、当該学科の教官達は、そのほとんどが出席しているのが常だった。土木の中村英夫、岡村甫《はじめ》（コンクリート）、森地茂の各教授、都市工の川上秀光、新谷洋二、建築の坂本功等の各教授、そこに例外はなかった。付け加えるなら筆者の最終講義（平成十八年三月）も、その例に漏れなかった。

しかし東大以外の場合、それは常識ではなかった。教室の教官達を余り良く知らない場合は除こう。東工大から乞われて行った中村良夫の京大最終講義は東大に近かったが、同じく乞われて新潟大から京大に行った樋口忠彦の場合は計画系教官に出席者は限られていた。東北大の計画系教授M、北大の計画系教授Sも同様だった。世の大学の常識では、直接に、また隣接する分野の教官のみが出席するのであり、分野を問わず学科の全教官が出席するのがむしろ異常なのかも知れない。そう、大学の常識で判断すれば、直接的に関連する分野のない観光の鈴木の最終講義に社工、土木の教官の影が見えなかったのは当然だったのかも知れない。

ともかく鈴木は昭和五十七（一九八二）年三月に東工大を去った。一つの時代の幕は下ろされたのである。

還暦の頃（1984）

やや過酷な言い方をすれば、昭和三十六（一九六一）年七月以来の、東大土木専任講師以来の、二十一年余の、鈴木第一線の時代は終わったのである。孤軍奮闘の二十一年余だった。八十島、最上の支持があったとはいえ。東工大を去る頃の鈴木の述懐。「考えてみれば『学校づくり』の人生か」。確かに鈴木が呼ばれたのは、東大都市工、東工大土木、同社工、農大大学院、すべて新設の学科、大学院であった。

十章　景観工学の誕生

(一)

昭和四十年代に話を戻そう。昭和四十一(一九六六)年七月に鈴木が都市工に移った後、東大土木には中村良夫が一人残った。昭和四十年四月に道路公団から戻されて以来の交通研の助手である。上司は教授の八十島義之助と鈴木の後任として国鉄から戻って来た松本嘉司(東大土木、昭和二十八年(旧制)卒)である。松本の着任以来、交通研は二つの体制で運営される。八十島のもともとの専門であった鉄道の構造(特に軌道)を担当する「交通研(鉄道研)」と、交通計画を担当する「交通研(第二交通研)」である。松本が担当する鉄道研の研究の中心は、折から土木の大プロジェクトになっていた瀬戸大橋の軌道である。本四、三架橋のトップを担う瀬戸大橋は道路、鉄道併用橋として計画された。その中心を担う研究者として吊橋の平井淳(橋梁研教授)と軌道の松本が嘱望されていたのである。

交通第二研究室が二階の製図室を仕切った所にある、いわば居候のごときものだったことは先に述べた。しかし活気はあった。中川三朗以下、涌井哲夫(昭和四十一年卒)、向正(昭和四十一年卒)等が自主ゼミを開催して、最新の交通需要分析の課題に取り組んでいたからである。助手の中村の机は、この仕切の中をさらに小さく囲い込んだ中庭に面した所にあった。つまり、景観の中村は助手であったにせよ、景観のグループは、居候の第二交通研の更なる居候のごとき存在であった。交通のグループは八十島が移らなかった都市工の井上孝教授、新谷洋二助教授の元にもいて、数は揃っていたのである。それは黒川洸（東大土木昭和三十九年卒）、太田勝敏（東大土木、昭和四十年卒）等の院生だった。

これに対して、筆者が第二交通研に配属になった昭和四十二（一九六七）年四月の時点では、景観はたった二人だった。四十年卒の村田隆裕と四十二年卒の樋口忠彦である。四十一年の小笠原常資と田村幸久は学部で道路公団に就職していた。

この当時の、実質的に三つに分かれていた交通研の状況を端的に示すエピソードを一つ紹介しておこう。交通のグループは前述したように、新しい交通計画の手法論に取り組んでいて活気があった。この活動は都市工の助教授新谷をヘッドとする広島のパーソントリップ調査から実を結び始め、後に土木の一つの主流（交通計画の研究者集団）となるに至る。

一方の鉄道軌道グループは、人数はさほど多くはなかったが、独自のアナログコンピュータによる解析で実績を挙げ、瀬戸大橋のたわみの大きい（つまり線路が上下になる）吊橋上に軌道を乗せることを可能にする。これは世界的に見て画期的なことであった。鉄道研はこの本四関係からの豊富な委託研究で潤っていて、これで交通研がもっていたのである。筆者が初めて土木学会で口頭発表をしたのは昭和四十三（一九六八）年の秋で、場所は名古屋だった。発表期間中のある晩、市内で交通研の懇親会が開かれた。八十島教授以下の教官、院生のすべてが出席していた。何十人居たことだろうか。全て食事代はタダだった。論文発表をする者はもちろんのこと、全員が交通費、宿泊費を支給されていた。それほどまでに当時の交通研は本四のプロジェクトの受託で金持ちだったのである。交通研の秘書は同時に三人（も）おり、それを一年サイクルで替えていたのもこの前後の時期である（ちなみに、その内の一人が現在の筆者の女房である）。

以上の交通、鉄道に比べ、景観は何とも冴えなかった。交通のように先が見えて活気づいているわけでもなく、鉄道のように景気が良いわけでもなかった。趣味人の、何の役にも立たない研究と思われていたはずである。より有り体に言えば、連中は土木ではないと考えられていたのである。

（二）

筆者は景観を志して交通研に所属したわけではなかった。第六章にも述べたように、八十島に魅かれて土木に進学し、交通をやってプランナーになろうと漠然と考えていたのである。「日本庭園の如きもので卒論を」と考えていた中村や樋口のような目的意識はなかった。ボンヤリとした学生だったのである。交通研に所属し、諸先輩に触れ、交通や統計学のゼミに出席するようになって、これは違うぞと感じ始めていた。当時の筆者の考えによれば、交通に限らず、計画というものは半分は客観的データに基づき、しかし後の半分は計画者の価値観による意思により策定されるべきものであった（これは現在でも正しいと考えている）。しかし交通グループがやっていることはといえば、客観的なデータを如何にして得るかという分析の手法ばかりなのであった。より具体的にいえば、当時交通の先進国アメリカから入ってきた交通の４段階推定法（交通の発生、分布、配分、計画）の勉強ばかりなのであった。確かに計画を立てるに当たって客観的データ（需要予測）は大切であるが、その計画によって将来の都市（交通）像をどう描くのかが、計画家の腕の見せ所ではないのか。それがなければ、計画は誰がやっても同じということになってしまう。それはもはや計画ではない。単なる予測である。

これは筆者が若かったのである。大学は研究する所なのだから、研究の中心は当然分析であり、そこでは当然客観性が求められるのである。筆者の思いは、いわばない物ねだりであった。

こうして交通に違和感を抱き始めていた頃、助手の中村は筆者にこう言ったのだ。「篠原君、交通研に来たからといって必ずしも交通をやらなくても良いのだよ」と。これは後から考えると運命の言葉だった。発言者の中村がそれをどの程度意識していたか否かは別にして。

(三)

こうして筆者は景観の途に足を踏み入れることになる。ただし、誘った中村はそう期待していなかったろう。一年先輩の樋口のような明快な意思を持って景観を選んだ学生ではなかったのだから。

中村に与えられた卒論のテーマは、既に知られていた高速道路の線形設計上の欠陥を、透視図を描くことなしに、平面および縦断線形のデータから電子計算機（当時の呼称、つまりコンピュータ）で判断するプログラムを開発するというものだった。やや具体的にいうと、ステップ（線形が途中で切れて不連続に見えること）やブロークンバック（曲線の間に短い直線を挿入すると、その直線が曲線と反対方向に反って見えること。錯視の一種）等の判定である。これらの欠陥は平面、継続線形を組み合わせた立体線形を透視図に描いて判断していたのである。このチェックを電子計算機で自動的にやろうというアイデアである。

テーマを与えてくれた中村は、卒論が本格化する秋には日本にいなかった。フランスに留学に出かけたのである。本人の卒論「土木構造物の工業意匠的考察」を記号論という別の視点からまとめ直し、出発間際にその原稿を技報堂出版に託しての留学だった。それが後に景観の分野での初めての本となる『土木空間の造形』である。

筆者の卒論の面倒は、三年先輩の、当時博士課程一年の村田が見ることになる。以下、いささか細かくなりすぎるの感はあるが、筆者の卒論の状況を紹介しておきたい。それは景観工学の誕生に少なからぬ影響を与えることになるからである。

コンピュータといっても、当時パソコン（パーソナルコンピュータ）等というものはなかった。あるのはＩＢＭや日立の大型計算機のみである。筆者はプログラムを組み、それをカードにパンチする。データも同様にカードに打ち込む。これらのカードを束にして東大の大型計算機センターに持ち込み、予想される計算時間に応じて、窓口に預けるのである。筆者のプログラムの場合、結果が出るのは一週間から十日先である。結果やいかんにと取りに行くと、これが何もアウトプットがないのである。何故か。プログラムに一文字でもパンチミスがあれば、コンピュータは動かず、あるいはデータにミスがあれば、妙な結果しか出ないのである。ならばと考えて、途中からは何本ものカードの束を準備し、二、三日のインタヴァルで、センターに赴くことになる。こうした苦闘の結果、一応の結果は出た（「透視図を利用した道路線形の研究」）。ただし最後までクロソイド曲線部分はうまくいかず、直線、円、放物線のみのプログラム、欠陥チェックに留まった。

この卒論の体験で得た成果は大きかった。普通にいうアウトプットの成果ではなく、それは筆者に取っての教訓である。コンピュータは人間のように融通が利かないこと、そして筆者とコンピュータは相性が悪いこと、である。この種の論文は、もうやらない。それが卒論の成果だった。自分が向く分野を見つけられればもちろん良いが、向かない分野を認識できることも大きな成果である。

(四)

筆者の卒論も、大括りにいえば(高速)道路景観研究の分野に属する。中村自身の卒論「土木構造物の工業意匠的考察」を別にすれば、東大土木の景観研究は当初から道路の分野に限定されていた(これは後になって振り返ってみて初めて分かることで、当時はそれが極く当然だと思い込んでいたのである)。景観工学の創始者、鈴木の研究が観光道路という道路から出発していたこと、その後継者である中村が道路公団に就職し、東大に戻ったこと、この二つが大きな要因であった。さらにいえば、この昭和三十年代、四十年代(一九六〇から七五頃まで)を通じて、土木の分野で景観を問題にしていたのが高速道路のみであったということが挙げられよう(実は日本がお手本にしたドイツでは、線形設計やSA、PA、IC、植栽に限られることなく橋梁の設計も大きなテーマとなっていた。その情報は当時の我々には全く入ってこなかった。F・レオンハルトは当時華々しく高速道路の橋梁のデザインを展開していたのであった。結局、我国の橋梁の人間がデザイン(意匠)や景観に何らの関心も抱いていなかったということなのであろう)。

年代順に東大交通研の卒論、修論を並べてみれば、それは歴然とする(巻末論文リスト参照)。昭和四十(一九六五)年村田の卒論、四十一年、小笠原、田村の卒論、四十二年、樋口の卒論、村田の修論、四十三年、篠原の卒論、四十四年、樋口の修論(後述)。四十六年、小柳武和(現茨城大教授)、四十七年、中村俊行、藤本貴也の卒論、四十九年、石田東生(現筑波大教授)、甲村謙友の卒論といった具合である。

この道路景観一辺倒の傾向に終止符が打たれるのは、五十年卒の窪田陽一(現埼玉大教授)の卒論であり、四十九年の樋口の博士論文であった(後述)。

（五）

景観研究の転機は外からやってきた。それは昭和四十三年の秋だった。

昭和四十三（一九六八）年四月、学部を卒業して大学院に進学した筆者は晴れ晴れとした気分だった。これでつまらない講義を取る必要もなく、好きな勉強に打ち込むことができる。卒論はともかくとして、景観に関する勉強は楽しかった。建築、造園、デザイン系の本を片っ端から読んだ。伊東ていじの『借景と坪庭』や同じく伊藤ていじの編になる『日本の都市空間』は、今でも輝く名著である。折から一つのブームになっていた古民家や古い町並みのデザインサーベイも興味深かった。当時の愛読の雑誌は、『都市住宅』『ＳＤ』だった（現在はともにない）。土木の本、雑誌は全く読まなかった。何も興味をそそるものがなかったからである。

恐らく一年先輩の早熟な樋口の影響だったのだろう、サルトルの実存主義やフッサール等の現象学、ミンコフスキー等の精神病理学の本も読んでいた。現実の「もの」、空間と人間の心理、精神の間に生起するのが景観（風景）という現象だから、これらの分野は景観と関係があるはずである。しかし、なかなか突破口は開けなかった。

筆者が心も新たに景観の勉強に取り組もうとしていた昭和四十三年春には既に、東大は不穏な空気に包まれていた。事実誤認に基づく医学部の学生の退学処分に端を発する東大闘争である。これが文学部に根城を持つ革マルによって文学部に飛び火し、前述したように矛盾を抱えていた（学生、院生がかねてから不満を感じていた）都市工にも、その波が押し寄せてきたのである。

東大闘争はそれだけでも、また全国の学生運動に強烈なインパクトを与えたという意味からも、大きなテーマである。

これを多少なりとも論じようとすると、この小著に収められるものではない。したがって以下では、土木の景観に関連する事項に絞って、荒筋を追うこととする。

「外」の仕事を膨大に抱え、設計・計画事務所の所員、大学の院生を区別なく使っていた都市工、また公害問題で論陣を張っていた衛生コースの助手宇井純がいた都市工、都市工が工学部における全共闘の拠点となった(この時点で鈴木は既に東工大に去っていて、都市工にはいない)。この動きは都市工都市計画コースの母体であった建築学科の計画、意匠系にすぐに伝染し、都市工、建築の両学科が、全学の全共闘運動の有力な一翼を担うことになる。これに工学部の他学科の少数が参加するのである。計画系が傍流の土木では、交通研と河川研の一部が参加するのみであった。いわば「みそっかす」のごとくにお隣の建築の尻にくっついて全共闘に参加するのである。

全共闘を形成した学生、職員(助手クラス)を参画の動機から大別すると、それは三つの流れとなる。その一は政治的な動機から参画したグループであり、これは六十年安保以来の非共産党系の、新左翼と呼ばれたセクトである。ブント、社青同(社会党系)、革マル、中核等。その二は、学生の処分は不当であり、それを撤回しない大学当局はけしからんとする、ノンポリ(ノンポリティカル)の一般学生である。これが最も多かった。その三は自分の専門、職能、将来の社会的地位との関連において闘争を捉えていたグループである。ノンセクトではあるがノンポリではない。このグループは自分の専門が確定、あるいは確定しかかっている大学院生が中心である。数においては多数とはいえないが、全共闘の大学院生組織である全闘連を組織していた。全共闘の議長山本義孝(理学部物理)、書記長今井澄(医学部)等の全共闘幹部はこのグループに属する。土木のお隣の建築の院生、都市工の助手、院生もこのグループに属する。

この第三グループの人間は自己の専門、職能に引きつけて東大闘争を捉えていたから、患者を抑圧する存在としての医者、エリートを養成して庶民大衆を支配する東大、権力・権威の体現者としての東大に異議を申し立てようと考えるに至るのである。ここから（自己のエリートとしての位置を否定しようとする）自己否定、（権力、権威の養成機関としての）東大解体というスローガンが出てくるのである。これは世間的にはほとんど理解されなかった。しかし、東大闘争の本質は、この第三グループの主張にあった、と思う（しかし闘争後すぐに思ったことだが、東大が解体されても、東大に替わるものはやはり、すぐにできることだろう。それが人間の社会というものである）。

この全共闘に敵対するのは、もちろん大学当局と、それに民青（民主主義青年同盟、共産党の下部組織、教育学部が根城）と右翼学生である。権力エリートを養成し、自分も権威を持つ東大を潰そうという全共闘の主張に、何故反体制の極みにある共産党が同調しないのか。不思議に思われるかも知れない。ことはそう単純ではないのである。日本共産党は、共産主義の生みの親であるマルクス、レーニン以来のテーゼを守っていて、革命的エリートが大衆を先導して革命を成し遂げるという方針（信仰）を堅持してきている。そして、その革命的エリートを育てる機関こそが、外ならぬ東大なのであった。戦後長らく共産党を支配した宮本顕治も、その後継者となった不破哲三も東大出身なのであり、その伝統は現在も生きているはずである。だから東大は守らなければならないのである、共産党にとっては。

もう一方の右翼は分かりやすい。近代日本を一貫して人材育成面から担ってきた東大は、今後も必要であり、その重要性が減ずることはないのである。ただし、この右翼グループは戦前のように一つの団体や大きな勢力になることはなかった。もちろん大多数の学生は、当初は以上に述べたどのグループに属さない無関心派だった。しかし闘争が高揚するに従い、全共闘の第二のグループ、つまり不正に対する正義感の人々に同調するようになり、昭和四十三年十一月頃から全学スト、号館封鎖に発展するのである（東大生も捨てたものではなかった）。

(六)

しかし、自己（の特権、エリート性の）否定等ということはそう簡単にできることではない。技官という身分であるとはいえ、建設省、運輸省に入省し、あるいは国鉄に入ってエリート官僚になることが約束されている土木の学生には、その同調者は皆無に近かった。これはエリート官僚養成の巣窟、法学部も同じだった。法学部では将来弁護士になろうとする、獲得主義（自己の良い社会的地位を現政治体制下で獲得しようとする）の民青がむしろ強かった。

土木の全共闘は少数派に留まり、結局最後までスト権は確立できなかった。主力となったのは昭和四十三年秋の時点での三年生だった。木村洋行、久松喜彦、北川信、金子恒夫、中原有策、矢部泰治らが中心となった。この学生部隊に、院生が加わった。交通研景観の樋口、篠原、河川研の隔離病棟と呼ばれていた宮村忠（研究生、後、関東学院大教授）、虫明功臣（後、生研教授）、大熊孝（後、新潟大教授）に橋梁研の東原紘道などである。もっとも随分後になって分かったことだが、隠れ全共闘の人間もいて、四十一年卒の田中和博（後、日大教授）、四十二年卒の古川公毅（後、都建設局長）等の名前が挙げられる。四年生は就職、院進学が決まっていて一番動き難い年代で、井上貞文、大方茂の二人のみだった。

土木全共闘の根城となったのは交通第二研究室だった。入り口には樋口が書いた「闘う学友に開かれた交通研」という看板が掲げられていた。樋口が最も先鋭的だったのである。樋口はアジビラ（アジテーションのビラ）の作文を専らにし、デモの主体は木村らの三年生だった。デモへの参加、不参加等のマネジメントは筆者の役割だった。土木全共闘はデモばかりしていたわけではない。全共闘が突きつけた課題、すなわち自己の専門とは何か、その社会的役割を巡って、より根源的には何故（土木の）学問をするのか等を巡って活発な議論が闘わされた。筆者は当時、財投（財政投融資計画、郵便貯金で集めた金を道路他の公共事業に投資する制度）を勉強の対象に選び、自主ゼミの座で発表していた。景観に戻らず、そのまま続けていれば、公共事業論や国土計画を専門とするようになっていたかも知れない。仮にそうなっていれば、国土交通省のイデオローグになって、国交省が道路特会で昨今のごとくオタオタすることはなかったかも知れない（もちろん、これは冗談だが）。

当時一番深刻に悩んだのは樋口だった。全共闘の訴えに共感し、考え、先鋭的にビラを書き、安田講堂に籠ろうとまでした。しかし一方で修士二年だった樋口は修論を書かねばならなかった。専門に片足を突っ込んでいた院生が等しく抱えた悩みだった。そして闘争は闘争、論文は論文と割り切って、別けて考えることはもはやできなかった。何故その学問をやるのか、それが社会的にどう意味を持つのか、というのが全共闘の問いかけだったのだから。こういう、切羽詰まった、ぎりぎりの状況の中で、樋口が選んだテーマは、小石川後楽園を題材とする廻遊式庭園の評価だった。意図的に景観と空間体験の変化を設計したそれを、最新のＳＤ法（セマンティック・ディファレンシャル法）を用いて評価軸を抽出し、シークエンス体験をその評価軸毎の評価値の変化として記述しようという論文である。従来からの道路シークエンス景観の系譜からいえば、やみくもに対象を分析するのではなく、明確にその効果が意図されている廻遊式庭園を対象としたことに意味があり、方法論的にはノーテーションのように記述できる項目を並列的に表記するのではなく、ＳＤ法という新しい武器を使って、一挙に評価に踏み込んだ点である。評価と空間、景観を関係づけようとしたのである。

案の定、このSD法という新しい評価手法は教授最上の興味をそそった。それは修論発表会の場での最上の質問、「その評価手法は君が考えたのかね」に現れている。傍聴していた筆者に、その情景はかすかではあるが残っている。最上は古典土木の分野に在りながら、常に新しい方法論に興味を持っていたのである。残念ながらSD法は樋口の発案ではなかった。そして酷なことを言えば、樋口の修論は、シークエンス景観の日本の原点の一つである廻遊式庭園を評価とともに分析してみせたという点で、従来のシークエンス景観論から一歩抜け出したとはいえ、大枠では、いまだ道路景観の呪縛の中に留まっていたのである。

（七）

工一号館はバリケード封鎖された。建築全共闘の手による。その日時がいつだったか、記憶は定かではない。昭和四十三（一九六八）年十一月二十二日、安田講堂前の東大、日大全共闘統一集会、これは良く覚えている。この日は筆者の誕生日である。この時が全共闘運動のピークだったと思う。日大全共闘が機動隊の壁を突破して、本郷の東大全共闘に合流した日だった。工一号館封鎖はその後のことだったと思う。

封鎖した号館は誰かが管理しなければならない。工一号の東側は建築だから問題ないとしても西側の土木は土木の人間が管理しなければならない。東大全共闘は、学外のセクトの学生が管理することは拒否していた。

三年生の木村、久松、北川、金子など、時に四年生の大方と筆者が交代で寝泊まりしていた。各人が号館日誌をつけていた。存外に平穏な日々だった。昭和四十四年の元旦を一号館で迎えたことは鮮明に覚えている。しかし年が改まって機動隊の導入が近いという噂が具体味を帯び始めていた。その時が来たらどうするかである。本郷キャンパスでは安田講堂や法文棟の建物を除いて、籠城はしないという方針が決められていた。この方針に従って工一号館は放棄されることになっていた。工全共闘が籠るなら、それは安田講堂ということになる。幹部と一緒である。事実、山本義孝以下の全共闘幹部は安田に入った。土木を引っぱってくれていた建築全共闘も安田に入っている。樋口が入ろうかどうかと一時真剣に悩んだことについては既に触れた。

しかし樋口を別にすれば、土木の全共闘は極くあっさりと結論を出していた。皆が同じ思いであったかどうかは分からない。以下には筆者の籠城はしないという当時の判断の根拠を書く。実はデモを通じての全共闘の闘い方に愛想をつかしていた、それが大きい。計画性が極度に欠けているのだ。その例は枚挙にいとまないが、一つ二つ挙げて解説しておこう。

その日は都心をデモしていた。恐らく指揮クラスでいえば中隊長クラスの人間の判断だったのだろう。有楽町でホームに上り、デモ隊は線路を南に向かって歩き始めた。中隊長クラスの判断と述べたのは、デモ隊全員が山手線の線路上を行く、などとは聞かされていなかったからだ。とっさの状況判断だったはずだ。我々は不安を覚え始めていた。それはそうだろう。この状態で機動隊が入れば、挟み撃ちである。高架の線路に逃げ場はない。常識で分かることだ。やがて新橋駅に到達した。右手正面に霞が関ビルがくっきりと見えた。ホームの上からではなく、架道橋の線路上から見た霞が関ビルだった。そのシーンは今でも新橋駅のホーム北端に立つと鮮明に蘇る。

やはり機動隊は来た。治安当局が電車を止めて線路上を行くデモ隊を放っておくわけはない。逃げ場はない。高架をなんとか伝って地上に下りるしかないのだ。慌てた人間は飛び下りて骨折したと後になって聞いた。我々の仲間では北川が足をくじいた。

万事がこの調子だった。だから全体を当てにすることなく、土木全共闘としてどう行動するかにいつも気を使っていた。デモ隊の実態は、そういう小グループの寄せ集めにすぎなかったのである。

また、その冷静で合理的判断の欠如にも驚いたことがある。筆者は土木全共闘の一人として会合の末席にいた。その会合が全学の全共闘のものだったか、大学院の全闘連のそれだったのか、それは定かではない。席上、ゲバルトローザとよばれた幹部の一人が立ち上がり、「気力を持ってすれば機動隊の壁は打ち破れる」と、出席者をアジり、叱責したのである。これには呆然とした。大和魂を持ってすれば米英恐るるに足らずと同じではないか。相手は体格も良く、装備も優れ、十分に訓練を施されている、本職の集団、機動隊である。貧弱な体格、ゲバ棒と言いながらもすぐに折れてしまう杉の角材のみの、訓練皆無の、素人学生集団が、まともに戦える相手ではないのだ。だからこそ相手の裏を掻く知恵、大衆を味方に闘う戦術が不可欠なのである。それが「気力」とは。これでは勝てるわけはない、そう実感した。

籠城の話に戻ろう。籠城という戦術を採る最大の理由は寡兵でも対等に闘えるという点にある。攻城側は籠城の三倍から五倍の兵力を要すると一般にいわれる。だから、この点では籠城という判断は誤っているとはいえない。ただし、籠城で負けないためには、食料と武器の補充が不可欠である。餓死寸前になって、あるいは刀折れ、矢尽きて落城の憂き目にあった例は歴史上数知れない。そして、これが最も肝心な点なのだが、籠城にはやがて外から援軍がやって来て、攻城軍を挟み撃ちにするという戦略が入っていなければならない。それがなければ、いずれかには負ける。

この補給と援軍は全共闘の頭にあったのだろうか。どうにもそうは思えなかった。何せ幹部が皆安田に入ってしまったのだから。

また戦力的には頼りになる中核やM.L.等のセクトも法文棟に籠ってしまったのだから（革マルは直前になって逃亡した）。末席に連なっていた下っ端の人間がこんなことを言うのは気が引けるが、安田砦とは結局のところ、玉砕主義ではなかったのかと思う。何よりも、高度な意思表示である「自己否定」や「東大解体」が一般の人々に理解されず、全共闘運動が次第に支持を失っていたことが致命的だった。粘り強い訴えかけが必要だった。所詮、東大のエリート達には大衆の心は掴めなかったのだと言うべきか。こうして安田講堂（砦）は、昭和四十四（一九六九）年一月十八、十九日の戦いの後に落城した。昭和四十四年四月入学予定の入試も中止になった。この入試中止は建学以来初めてのことであった。

（八）

年度が変わって昭和四十四年四月、樋口は博士課程一年、筆者は修士の二年となった。安田落城ですぐに闘争が終わったわけではなかった。全共闘の幹部は軒並み逮捕されてしまってはいたが、各地の全共闘運動はむしろ昭和四十四年が最盛期であり、七十年安保（昭和四十五年）も控えていた。鈴木が居た東工大もその例に漏れなかったはずである。

東大闘争は樋口と筆者に思想上の深刻な課題を突き付けた。思想という言葉がいささか大袈裟にすぎるとすれば、研究とは何かという課題といっても良い。それは従来から常套句のように唱えられる真理の探究である、といった言葉で誤魔化せるような問題ではなかった。

沈思型の人間である樋口が昭和四十四年の時点で何を考え始めていたのか。それは定かではない。しかしこれだけは言えるだろう。卒論、修論と続けて来たシークエンス景観というテーマが本当に自分のやりたいことなのか、また景観という現象にとってそれが、本質的な問題なのだろうかという、自分に対する問いかけを始めたということとは。

本章（五）の冒頭に書いた景観研究の転機は外からやって来た、というその「外」は、東大闘争に外ならなかった。

昭和四十四年晩夏には、全共闘の残党によって院入試粉砕闘争が行われる。これは簡単に蹴散らされてしまう。筆者はその責任を取って（他人に、あるいは公的に言われたわけではない）、一年留年することを決める。他人の入試を妨害しておいて、自分はぬくぬくと卒業するわけにはいかないという理屈だった。いかにも全共闘的理屈だと言えなくもない。

この頃、樋口も筆者も、将来土木で食っていこう、景観で食っていこうという考えは捨てていたように思う。それは土木という伝統集団、東大という権威集団から離れることを意味している。この決意は特に博士課程に進学していた樋口にとってはシビアな問題だったはずである。全共闘でやっていた四年生も、次の三年生も結局は土木で就職を決めていたのだから（逆に言うと、土木の教官、先輩が如何に学生、後輩に優しいかということになる。この事情はお隣の建築でも同様であった）。

この時期、鈴木も中村も東大闘争や交通研に何ら関与していない。鈴木は東工大で土木から社工へ移る頃で何かとあったはずで、中村はパリに留学中だったからだ。

樋口の関心は古事記、日本書紀、万葉集の世界に向かった。日本民族の原点ともいうべきこれらの世界に現れる風景こそが、日本人の風景の原点なのだ。それこそが景観の本質の一つ、重要な一つに外ならないと考え始めていたのだろう。このテーマが土木で学位論文として認められるか否か、それは樋口が立ち切ったところだった。それまでの常識では、数式や数値が出てこない論文は、土木には皆無だったはずである(樋口の同期の河川研の大熊孝が、やはり数式、数字の出ない学位論文を書き上げる、利根川の利水と治水を歴史的に追った論文であった。その成果『利根川治水の変遷と水害』(東大出版会)は名著である)。

この研究は後に樋口の学位論文の第二部、『景観の空間的構造』となって結実する。それらは、日本民族の景観体験の原点、神奈備《かんなび》山(天皇族の信仰する山)、国見山(やはり天皇族の民情視察の山)、水分《みくまり》神社(灌漑用水の水配分を司る神社)、等となって抽出されるのである。研究方法論的には、もはや土木とはいえず、柳田国男や折口信夫の民俗学的、古典文学的な方法論とでもいうべきものであった。結果的に対象の取り方の独自性のみならず、方法論的にも景観研究に新しい方法論を導入したのである。

篠原の頭の中にも道路や土木はもはやなかった。純粋に、単純に、景観のことを考えようと思った。将来、東大土木の枠内で食っていこうとは考えていなかったからである。何故景観がそのように見えるのかを、樋口が文献に記載されている観点からアプローチしたのとは逆に、単純に現実に現象している視覚の観点からアプローチしようと考えた(もっとも当時このように明確に自覚していたわけではない)。ヒントは、J.J. Gibson の"The Perception of the Visual World"と、かつて感心して読んだ伊藤ていじの『借景と坪庭』の借景の部分だった。テーマは二つ。一つはどのようにして「奥行き感」が生ずるのか、二つは高みに登って下を見下ろす場合(これを俯瞰という。逆に山などを見上げる場合は仰観という)、何故ある時はそれが良い景観となり、別の時にはそれがつまらないのかという疑問である。第二の問題を解くために、展望台として著名な所には全て登ってみた。徹底的に現場主義に徹した。自分の感覚、自己評価が頼りである。ただし問題を単純にするために、眺望の対象は港に絞った。函館の箱館山、寒風山、六甲山の各種展望台。長崎の稲佐山やグラバー邸に行きたいと申し出て、前述のように鈴木が旅費を出してくれたのはこの折（昭和四十六年一月）のことである。もちろん人工物であるタワーにも登った。東京タワー、博多湾のタワー。横浜のマリンタワーには昭和四十六年の元旦に階段で登り、高さ別の写真を撮影した。写真を撮影し、二万五千分の一の地図に線を引き、眺めの方向別に縦断図を作成した。もちろん手書きである。

その結果得た結論は、（詳細は省略するが）俯角八度から十度の辺りに興味対象（最も分かりやすいのは汀線）が来ると、その俯瞰景は良いという単純な事実である。この体験の感覚的な結論は、後に樋口が学位論文の過程で見出したＮＡＳＡの人間の視覚データで裏付けられた。別に高みに登らずとも人間の中心視は常に俯角にして十度下方に向かっているというデータだった。

第一の奥行き感の方では富士山への眺めを分析することとした。富士山に関する著名な眺望点を全て調べ上げ、親父の車を借りて廻り、その全てから富士山を見た。富士山の眺望点は信仰型（各所の浅間神社）、田園型（忍野八海等）、展望型（伊豆の達磨山、太宰が富士には月見草が似合うといった御坂峠等）、等々に分類できることが分かった。ここでも二万五千分の一、五万分の一の地図から縦断図を作ってみると、眺望の性格に応じて縦断図のパタンが明確に異なることがわかった。結論は、対象（富士山）に至る地表面の見え方によって奥行感が左右されるという事実である。一寸小高い所から富士山を見ると、正に雄大な風景となる。これは縦断面が谷を持つコンケイブとなるからである。逆に多摩川辺りから富士山を見ると、富士山はその前面にある丹沢山系に貼り付いているがごとくに見える。奥行感認知に不可欠な富士山に至る地表面が丹沢山系によって見えないからである。

この修士論文の発表前夜に、鈴木が東大交通研に励まし（慰問）に訪れたことは前に書いた。当日の発表は寝不足と、準備不足で余り出来の良いものではなかったと思う。論文を仕上げたばかりの、またキャリア不足の頭では、自分の論文の客観的な位置づけ、あるいはそのオリジナリティの自覚が不十分だったのである。それは、あるいは年長の中村、鈴木の役割だったのかも知れない。後年教官となって学生を指導した経験がそう言わせる。しかし、この時点では、道路景観のみに係ってきた二人には、景観研究におけるこの修論の意味がまだ認識できなかったのだろう。

論文の成績は「良」だった。恐らく全員「優」の中での唯一人の。理由は、成田（空港粉砕）闘争に行けなくて残念であると書いた後書きが悪かったのだ、ということになっている。それは本当かも知れない。しかし、真の理由は、写真を撮って勝手に風景が良い悪いと判断し、それを手で描いた縦断図によって説明するという、その方法論そのものが極めて幼稚に見えたためかも知れない。また、何らの客観的な裏付けもないと。

しかし本人（筆者）は満足していた。卒論とは違って、自分が重要だと考えるテーマを設定し、自分の頭と足でその問いに解答を見出したのだから。昭和四十六（一九七一）年二月のことだった。

（九）

昭和四十六（一九七一）年四月、一年遅れで修士を修了した筆者は、（株）アーバン・インダストリーに就職する。東大に愛想をつかしていたゆえに、一時期関西に移ろう（逃げよう）と考えたこともあった。（形式上の）指導教官八十島に相談すると、面接に行けば採ってくれることになっているからと応えてくれた。近鉄（近畿日本鉄道）だった。関西とはいえ先輩は結構いるから、東大土木の世界で食っていくことを意味する。やはりどこか釈然としなかった。とは言え、アーバンへの就職もやはり八十島の紹介だった。これは入社して分かったことだが、先輩にも同僚にも、後の後輩にも土木出身者は一人も居なかった。

会社は筆者を東大土木として採ったのではなく、土木出身のプランナーの卵として採ったのである。先輩同僚には建築が多く(京大、東工大)、他には地理や造園がいた。もちろん多くの事務系の人間も。

この当時、つまり東大闘争から一九七〇年にかけての時期を現在振り返ってみると、八十島は偉い人間であったとつくづく思う。東大闘争の四十三年当時、工学部長は土木の最上武雄だった。しかし、上品な教養人である最上に乱暴な(思想的にも肉体的にも)全共闘の相手が勤まるわけはない。学部長は原子力の向坊隆に変わった。それはそれで仕方のないことなのだが、この闘争は八十島にとっては過酷な事件だった。次男は当時電気の四年生で、全共闘でもノンセクトならよかったのだが社青同に属していた。これが羽田の火炎瓶闘争で逮捕される。さらには北大にいた三男が心中してしまうのである(長男は夭折)。それは学内に知れ渡った話だったから、学部長確実とされていた工学部長にもなれなかった。つまり、昭和四十四、五年の時点では八十島は公私に渡って手ひどい打撃をこうむっていたのである。しかし公的な場面での八十島は、そんなことはおくびにも出さなかった。そして同じように全共闘に参加していた学生、つまり筆者の就職の面倒を見ていたのである。後に八十島と共著の形で『交通計画』を出版する山梨大の花岡も、八十島は平時と変わらず仕事をこなしていたと証言する。血筋であろうか。次男と一学年しか違わない、同じ全共闘だった筆者には、生前の八十島にこの種の話はできなかった。

入社早々、道路公団に居た先輩の田村から連絡があって、本四架橋のＳＡの調査が始まるので、委員会に参加しないかという。京大土木出身の武部健一に呼び出され、委員会のメンバーたるに値するかどうかのテストを受けた。通常ではこんなことはありえないのだが、大学を出たての若造が大丈夫かという思いだったのだろう。修士論文の骨子をスライドで説明して合格となった。修論の景観工学的な価値を認めてくれたのである。この委員会の目的は長大な本四の吊橋を眺めるＳＡの立地の検討だった。修論で抽出した俯角に仰角と視線入射角という指標を加えて、これらの指標のパラメーラの組み合わせの変化により、橋がどのように見えるのかという予測を行った。この成果は後の、『土木計画における総合化』(土木学会編、技報堂出版)に載せられている。

これもまた、入社早々のことだったが、銀座にあった会社に、わざわざ中村が訪ねてきたことがある。わざわざというのは、普通であれば先輩であり、大学の(講師とはいえ)教官である中村が、筆者を呼び出すだろうからである。用件は、どこかで(詳細は覚えていない)話をしなければならないので、修論のスライドを貸してくれないかということだった。筆者が修論で提案した俯角や奥行感が、「使える」と認識してのことだったのだろう。中村の眼は節穴ではなかったのだ(当時はそんなことは分からなかったが)。

(十)

樋口は一人で苦闘していた。闘争仲間であり、景観の話し相手だった筆者が大学を去り、交通研の中で独りぼっちになっていた。昭和四十六(一九七一)年四月には、中村の一番弟子になる小柳武和が院に進学してきていたが、小柳は樋口の話し相手になるようなタイプの研究者ではなかった(つまり、数理派の人間)。また、フランス留学から帰国していた講師の中村も相談相手にはならなかった。当時の卒論のテーマを見てみると、中村は相変わらず道路景観に拘っており、また鈴木のいう計量化を意識していたのである。

昭和四十六年の(恐らく)十月、仙台で土木学会の全国大会が開かれた。筆者は修論の内容を「自然地形と景観」と題して、樋口との連名で発表した。それを、たまたま来ていた(シンポジウムに招待されていたのだろう)、早大の戸沼幸市教授が最前列で聞いていて、「君の言う、肌理の密度勾配と奥行という話は面白いね」と誉めてくれた。戸沼は建築家吉坂隆正の弟子で、その吉坂研を継いでいる建築計画の教授だった。東大の古典土木の教官連には理解されなかった筆者の研究は、建築の先生には興味深く映ったのである。道路公団の第一線で活躍してきたエンジニア（武部）に続く理解者だった。

一人でコツコツと積み上げてきた樋口の（日本民族の）原景観論は、ようやくまとまろうとしつつあった。先の神奈備山や水分神社等に加え、仏教（密教）系の八葉蓮華や秋津島《あきつしま》大和などが加わった。樋口の研究の神髄はここにある。しかし問題は、果たしてこれが土木の学位論文として通るだろうかということだった。

この問題については、むしろ中村の方が真剣に心配したに違いない。東大闘争で「ふっ切れていた」樋口は存外に淡々とした心境だったのではなかろうか（筆者は既に学外に去っていたのでこう推測するのみである）。通ろうが通るまいが、自分は自分の景観研究として、この論文を仕上げる。論文が通って学位を得たところで将来が約束されているわけではないのだ（それは厳然たる事実だった、樋口は将来の食い扶持を考えて、一級建築士の資格を取っていた）。

話し合いは何度も持たれたに違いない。その結果、筆者が修論で手がけた景観の解析指標が学位論文に加えられることになる。筆者の俯角、奥行に加え、山を眺める際の「仰角」、面に対する視線の角度を表す「視線入射角」、対象までの眺めの距離を表す「視距離」等である。

樋口の原景観論（一種のタイポロジーである）のみでは、数式等はおろか数字も出てこない。典拠とする文献も記紀等の、いわゆる文系の文献ばかりである。これでは「工学」博士の論文としては通ることは難しかったろう（当時は。現在なら多分通るだろう）。これらの解析指標が加わることによって、議論は定量化が可能な工学的な論文となった。もっとも微分方程式等を扱う水理学や橋梁工学等の分野からすれば、いかにも幼稚なものに映ったに違いないが。何せ、視距離何百米なら景観はこう見えるとか、古来日本人の眺め、愛でてきた名山への仰角は何度から何度の範囲であったという、算数の初歩のごとき数字なのだから。

こうして成った樋口の論文は、第一部がこれらの解析指標をまとめた「景観の視覚的構造」、第二部が原景観のタイポロジーのまとめである「景観の空間的構造」、二部構成となった。先に述べたように、樋口が最も熱を入れたのは第二部である。第一部は論文を通すためにという、やや妥協の側面がないでもない。しかし、理解され、評価されたのは第一部の方だったろう。何より分かりやすく、結果が明快であったから。

（十一）

論文（を通すため）の体裁は整ったが、次なる問題は誰が審査するかだった。より有体に言えば、この論文の価値を誰が判断できるのか、という問題だった（当時の東大工学部では、論文の審査に当たっては工学部の教授、助教授五名以上が義務付けられていた。この五人に他学部、他大学の人間が加わることは差し支えない、という決まりだった。したがってなんとしてでも工学部の中で審査に当たる人物を五人探さねばならない。現在ではより柔軟になっている。つまり総計五人以上という条件は変わらないが、工学部で五人という制約はない。他学部や他大学の人物を入れて五名でよいのである）。

主査は交通研の指導教官、八十島が務めるにしても、樋口の論文を判断できる教官が中村の外に土木にいるだろうか。樋口には運がついていた。うってつけの人間がいたのである。ただし土木にではなく、お隣の建築学科に。それが芦原義信だった。芦原は東大建築昭和十七（一九四二）年卒、学年で八十島の一年下に当たる。大学を出て海軍にとられ、敗戦後はハーバードに留学し、帰国後設計事務所を開いていた。アイデア溢れる銀座のソニービルが芦原の作である。江戸っ子で洒脱な人間だった。その芦原が東大教授で母校に戻っていたのである。建築学科は設計教育の充実を目的に、芦原を設計演習担当の教授として迎えた。講義、卒論の指導免除の教授である。一説には都市工で華々しく活躍する丹下健三（彼も東大建築出身である）に対抗するために、建築計画の吉武泰水が呼んだのだという。

以下はやや脇道に逸れる。この設計演習専任の現役建築家教授という人事は、芦原の後の槇文彦、香山寿夫、安藤忠雄と引き継がれていく。またこの東大のやり方が先鞭をつけた形となって、全国の大学の建築学科に第一線の現役の建築家が教授となって入っていくことになる。このシステムにより、建築学科の設計教育は一段の飛躍を遂げる。その第一号となったのが芦原なのである。もちろん大学はこれらの大学教授に学位を求めたわけではない。学位を持たなければ教授にはなれないなどという、従来からの価値観に拘っていては、こういう人事はできない。東大建築の思い切った決断だった。一方の土木の方は、いまだ旧態依然だった。

建築家、芦原は単体の建築にもまして街並に関心を持つ、近代建築家には珍しい建築家だった。そういう点では代官山のヒルサイドをやった槇もそうである。また丹下も都市計画には造詣が深かった。丹下の後継者、大谷幸夫もそうだ。安藤にはその欠片はない。

後に、芦原は昭和五十六（一九八一）年三月の最終講義の日に合わせて、『街並の美学』を岩波書店から出版する。江戸っ子、東京の都会人芦原らしい華やかな引き際の演出だった。

世界的にも著名な建築家であり、街並に並々ならぬ関心を持つ（ということは景観にも深い関心を抱く）芦原が、樋口の論文の審査に加わったのである。中村は芦原に面識があり、中村が八十島に芦原を紹介したのだった。

その芦原が樋口の論本を絶賛したのである。それが都会っ子にありがちな、八十島や建築のお隣の土木に対するリップサービスではなかったことはすぐに証明される。芦原は出版社と翻訳者への労をとり、樋口の論文はM.I.T. pressから出版されるのである。

芦原の賞賛に土木の教官達は従う他なかった。何せ専門家の芦原が言うことなのだから。むしろ、芦原に言われて樋口の論文がそんなに価値のあるものなのかと驚いたというところだったろう。

樋口の学位請求論文「景観の構造に関する基礎的研究」は、無事工学系研究科の審査を通過した。昭和四十九(一九七四)年三月だった。中村の景観初の卒論(三十八年三月)から十一年だった。

この樋口の学位論文をもって、筆者は「景観工学の誕生」とする。

(十二)

これには後日談がある。中村が昭和五十一年三月、東工大社工に赴任して数日後のことだった。東工大土木のボス教授K.(水理学)から、いきなり呼び出され、(樋口の論文を指して)「何で、あんなもんに学位出した」と詰問されたという。中村は説明したが話は噛み合なかった。鈴木の言う「古典土木」の正直な感想だったのだろう。ただし中村によれば、「これからお世話になります」とすぐに挨拶に行かなかったのが気に入らなかったのではないかと言う。

樋口の学位論文も最も喜んだのは誰だったのだろうか。今こう書きながら考える。景観工学の生みの親、鈴木だったのだろうか、あるいは一番弟子の中村だったか。一番喜んだのは八十島だったろうと、今思う。もちろん鈴木も喜んだろうが、その中身は鈴木の考えていた「工学」とは違っていた。第一部の解析指標は鈴木の工学に近かったから良いとしても、第二部のタイポロジーは鈴木にすれば、いかにも衒学的だった。かなりの違和感を覚えたに違いない。八十島には鈴木のような景観工学への思い込みがなかったから、樋口の論文は素直に読めたに違いない。そして四年前の村田の学位論文とは違い、その汎用性の高さ、歴史・伝統にまで踏み込んだ格調がうれしかったのではないか。すなわち、景観らしい景観の論文がようやっと生まれたのだった。

一方の中村の心境はいささか複雑だったろう。先を越されたという思いと、その完成度の高さに驚嘆する思いとで。確かに樋口論文の完成度は高かった。昭和四十年代後半から、昭和五十年代前半までのほぼ十年、中村が広島太田川のデザインと、その著『風景学入門』（中公新書）で巻き返すまで、樋口の論文（後の昭和五十年に『景観の構造』（技報堂出版）として出版される。中村の『土木空間の造形』に次ぐ二冊目の本となった）は、一人景観の分野で屹立していた。後に樋口自身がこの完成度の高さに悩まされることになったと、筆者は推察している。芥川賞を取ると後が難しいのである。

筆者はどうであったか。自分の修論が生かされた第一部があり、つまり役に立てたという思いで、素直に喜んでいた。昭和四十九年三月の時点ではアーバンに勤務していて、研究生活に戻ろうなどとは考えていなかったからだ。やっかみも、焦りもなかった。

もう少しだけ芦原に触れておきたい。筆者はかって、初めての単著である『土木景観計画』（技報堂出版）の序文に「景観工学の土壌作りをされた八十島、鈴木両先生に云々」と書いた。景観工学の生みの親はもちろん鈴木であるが、鈴木のみでは景観は続かなかった。鈴木が東工大に去った後、一人助手で残った中村とその後継を暖かく見守り続けたのが八十島であった（昭和四十年から、中村が東工大に行く昭和五十一年まで）。八十島は景観工学の育ての親だった。こういう歴史の筋から行くと、芦原は景観工学の恩人である。樋口の論文の価値を高く評価し、土木の教官達の景観工学に対する認識を一変させてくれたのであるから。

芦原は江戸っ子で洒脱だったと書いた。性格は明るく、都会っ子らしく気が利いていた。常に人を楽しませようとしていた。建築学会の一隅にスタンドバーを作らせたのは芦原だったと聞いている。学会に集まったからといって、そう鹿爪らしい議論ばっかりせずに、という気持ちだったのだろう。

樋口が新潟大にいた頃の話である。特別講義に芦原を呼んだ。その夕、皆で繰り出した料亭で、芦原はもらった謝金を全額出しておごったという。芸者をあげて、にぎやかに楽しく飲んだのだった。芦原らしい、気風のいいエピソードである。

芦原は設計担当だったが、大学では論文指導もしている。何編かを見たが、目的設定が明快な良い論文だった。また著作も多い。退官の時に合わせて出した『街並の美学』はベストセラーとなった。それ以前に書いた『外部空間の構成』(後に『外部空間の設計』)は、英訳にもなった名著である。『屋根裏の書斎』などのエッセイは洒落ていて面白い。何よりも芦原の文章は、有名建築家にしては珍しく、読んで分かる文章だった。余りに分かりやすいので、ムズカシ好きな建築家の卵にはその真価がむしろ分からないのではないかと思う。

筆者は芦原と直接な接点は少ない。今も続けている静岡県の都市景観賞のつながり位だろうか。初代の委員長芦原、筆者平委員、二代目の岡並木（朝日の記者。交通問題に健筆を振った）の死去に伴い、今三代目を勤めている。初代、二代に比べて大分格は落ちる。

十一章　その後（それから）

（一）

本評伝は前章をもって終わりとする。本章では景観工学誕生以降の動きを、重要人物の履歴、景観研究上重要と考える論文、著作、デザイン実践の紹介で述べる。淡々と書く。

まず樋口忠彦から。無事博士課程を修了した樋口は、渡辺貴介の後任として昭和四十八（一九七三）年四月、東工大社工の鈴木研の助手として赴任する。約束の二年が過ぎて、鈴木の観光の弟子花岡利幸に拾われて、山梨大の助教授になる。昭和五十年七月、樋口三十一歳だった。ただし花岡と樋口はそう歳が違わないから（三歳違い）、樋口は山梨では教授に昇進することはできなかった。『景観の構造』が技報堂出版から出版されたのが昭和五十（一九七五）年、それを一般向けに書き直した『日本の景観』（春秋社）が出たのは昭和五十六年である。この本に新味はほとんどない。

新潟大に就職していた東大土木の同級生、大熊孝が樋口を呼んだ。昭和五十八年のことである。新たに建築学科が新設されたからである。景観を重視していた花岡は樋口の後任に、中村の東工大の一番弟

新潟県主催の講演会にて（2007）
左から篠原、鈴木、中村、樋口

子北村真一（昭和四十九年東工大社工卒）を迎える。長らく甲府、新潟という地方に居たにもかかわらず、研究者肌の樋口はデザイン実践に手を染めなかった。新潟時代、萬代橋をライトアップする事業に担ぎ出されたことと、信濃川河口のトンネル坑口のデザインを監修したことぐらいだろうか。

　京都大学を定年で退官した中村のあとを追って（後述する）、平成十五年四月、京大土木の教授となる。新潟大の土木から建築に移って以来、二十年振りの土木復帰だった。平成十九年四月退職。京都駅前の京大キャンパスで行われた最終講義には、久々に中村、樋口、筆者の三人が揃った。出席予定だった鈴木は義父の死去のゆえに来られなかった。ついでに書いておくと、平成十九年九月、新潟県の主催で開かれた講演会、シンポには四人が顔を合わせた。鈴木が基調講演、続いて中村、樋口、筆者の小講演と続き、その後のパネルディスカッションとなった。このような場で景観の師弟が顔をそろえたのは初めてのことだった。おそらく最後のことでもあろうと思う。

　樋口は本拠を京都に定め（出身は埼玉県の羽生である）、今は広島工業大学に通っている。学級肌を貫き、最も変わらなかったのが樋口だった。

（三）

次に中村良夫。変わらない樋口と対照的に、頻繁に変身し、次々と新たな景観研究者像を示してみせたのが中村だった。「三年も同じことをやっているのは馬鹿だよ」とは時折中村に聞かされたセリフである。もっとも今年（平成二十年）の四月の八十島の墓参りの折には、こう補足、解説された。母校の日比谷高校以来、知的放浪癖が身についてしまったのだと。

昭和四十（一九六五）年の母校復帰以来、助手、講師中村良夫は長い沈滞期に入っていた。三十八年の卒論「土木構造物の工業意匠的考察」のデビューと、その出版『土木空間の造形』が華々しかっただけに、筆者の眼にはそう映るのである。助手、講師として学内の雑務に追われ（これは誰でもそうなのだが）、何よりも、これからの景観をどう持っていくかに悩んでいたのであろう。「道路公団に入って、土木事業が如何に国土の姿を変貌させるかに慄然とした」と語る中村にとって、そのショックは景観を真剣にやらねばという研究のバネになっていた。それは確かだったろう。しかし、そのショックは道路に拘るという、窮屈な嗜好に中村を封じ止めることにもなったのではないかと思う。中村はなかなか道路から飛び出せなかった。実体験から来る心理的な傷のない樋口のようにはいかなかったのである。また、東大土木の助手、講師である以上、土木なんか関係ないと開き直れた樋口、篠原のような姿勢も取ることはできなかった。それは学生だからできたことである。

昭和四十年代後半、中村はコンピュータ・グラフィクスに凝っていて、道路の造成のり面の予測や山の見え方の解析を卒論・修論のテーマに与えていた。これが五十三年の天野、岡田の卒論まで続く。巻末論文リストの道路景観の卒論・修論のタイトルに明らかである。何故ある学生が、その後研究者として伸びなかったのか、という筆者の質問に応えて言う。「学位論文の締め切りに追われて（規定の三年間で論文を仕上げるという意味である）、本当に本人がこれだというテーマでやらなかったためだろうね」と。これも八十島の墓参りの折に用いた言葉である。「人間はある年齢を超えたらそう変わるものではない」という言葉が続いた。しかし当人は見事に変身しているのである。

昭和四十八（一九七三）年、中村は道路線形をベクトル論の観点から分析（解釈）した論文"A Theoretical Approach to Perspective Image of Highway Alignment"で学位を取る。工一号館の中庭に面した机の上で、タイプライターを叩いていた中村の姿をかすかに記憶している。中村は論文を英文で仕上げたのである。しかし、この論文は景観仲間ではいたって評判が悪かった。手ひどく言えば何の新味もなかったし、景観工学的なオリジナリティもなかったからである。学位のための、論文のための論文という感は、当時の筆者には拭いがたかった。中村ももちろん自覚していたはずである。

中村は昭和四十三（一九六八）年、やっと講師に昇進する。三十歳のことだった。鈴木が、その頃よく口にしていた言葉を覚えている。それは中村に、名詞には「専任」講師と入れろ、と言っていた言葉である。ただの講師とすると、「非常勤」講師と思われる恐れがあるからだ。いうまでもなく、非常勤講師とは大学外の、あるいは他大学の人間が、講義や設計演習を担当する職で、専任の教員ではない。鈴木は一番弟子が万年助手になることなく、「専任」講師に昇進させてもらったことが嬉しかったのだ。この先がどうなるかは分からないにせよ。昭和五十年十二月、中村は助教授になる。このときの記憶は鮮明だ。筆者は前年の昭和五十年十月、農学部林学科の助手になっていて（後述）、交通研を訪ねた折のことだった。修士一年だった窪田陽一がいて、「篠原さん、今度中村先生が助教授になるそうですよ」と、いかにも極秘情報のように筆者に告げた。筆者は、その時はそうかと思っただけだったが、よく考えてみればおかしいなと思わなければならないことだった。何故なら教授の八十島はまだいたし、したがって松本もまだ助教授のままだったからだ。当時はまだ、大学の人事のことなどがよく分かっていなかったのだ。

この昇進人事のわけは、年が改まってすぐに分かった。昭和五十一年三月、東大土木助教授中村は、東工大社工助教授中村になったからである。移籍前に昇進させておくことは、ある種の大学人事の常套手段である。

鈴木は既に昭和四十六（一九七一）年、東大の生研（生産技術研究所。工学部の付属研究所。あの第二工学部の後身である）から、中村英夫をスカウトしていた。中村英夫は昭和三十三年東大土木卒（交通研）、営団（帝都高速度交通営団、現在の東京メトロ（株））に就職した後、生研の助手となり、ドイツ留学を経て帰国していた。恩師は丸安隆和、専門は測量である。鈴木が何故教え子でもなく、またお門違いの測量を専門とする中村英夫を引っ張ってきたのであろうか。ここでも鈴木の鑑識眼、人をパワーがあるか否かで人間を判断する、が働いていたのである。鈴木の眼は正しく、中村英夫はこれ以降、公共経済学やもともと好きだった地理学を生かし、地域計画、国土計画の専門家となって八十島の後を継ぐことになるのである。

その中村英夫が、東大土木に半講座分の測量研究室が設置されたことで、東工大から母校に戻ったのである。昭和五十年のことだった。その中村英夫が抜けた後のポストを使って、鈴木は中村を呼び寄せたのだ。鈴木は自分の本業である観光を渡辺に継がせるよりも、中村の人事を優先したのだった。

（三）

東工大社工へ移ってからの中村は、東大時代とは別人のように本領を発揮し始める。あの中村でも「伝統の、古典土木」に囲まれた雰囲気が重かったのだろうか。

移ってすぐに、中村は広島の太田川の水辺デザインに取り組み始める、当初は博士課程の一年だった北村真一（東工大社工昭和四十九年卒）とともに。次第に岡田一天（同五十三年卒）、齋藤潮（同五十六年卒、後に中村の後を継いで教授）、小野寺康（同五十七年卒）らを加えて。このプロジェクトはもともと、東大土木四十六年卒の松浦茂樹が当時林学科の助手だった筆者に持ち込んだものだった。松浦はこの時、建設省中国地方建設局太田川工事事務所の調査係長だった。景観をやっていた小柳と同期で、筆者とは面識があった。筆者はこの話を当時の上司、助教授塩田に相談する。答えは否だった。この時ＯＫが出ていれば、その後の展開は余程変わっていたはずである。まず確実に言えることは、太田川は今のように立派にはなっていなかったろう。当時の筆者には、現在の太田川のごときを実現するデザインの力量はなかったからである。おそらく、恥を晒すことになっていたのではないか。次に、中村がこのプロジェクトに取り組んでいなければ、中村は道路の、東大の、呪縛から逃れるのがもう少し長引いたのではないか。それほど、この塩田の、「君は今農学部なのだから、土木の仕事はするな」という言葉は影響が大きかったと、今思う。その言葉そのものは誤っているとは思うが。

昭和五十一年夏、中村三十九歳、それまでにデザインの実践は皆無である。土木出身だから設計演習のトレーニングを受けたこともなかった中村は北村、岡田、齋藤、小野寺等の院生、学生とともに太田川の護岸、高水敷のデザインを行う。北村以下の学生も川のデザインは初めてである。つまり、太田川のデザインは全員が素人のデザインであった。誰しもが、それは信じられないと思うに違いない。しかし出来栄えは素晴らしかった。樋口の論文を絶賛した教授、芦原は、今度は建築家として太田川を絶賛する。

この太田川のプロジェクトを切っ掛けに、あるいはその少し前からか、中村は臥遊が現れている絵画（南画）の見方に着目し、仮想行動論や、代替行動論を追求し始める。臥遊を簡単に言うと、自身は寝そべっていて、眼前に在る絵の中に入り込み、その中での行動を楽しむことをいう。絵の中の途を歩き、橋を渡り、水の辺に描かれている亭に遊ぶのである。この臥遊の方法をデザインに応用すると、実際に自分が行動せずとも、いかにも歩いて行けそうな小途や、佇めば心地よさそうな四阿があれば、それは人を誘う、魅力的な風景となるのである。このような想像上の行動を仮想行動というのである。さらにこの考えを拡張すれば、それは人間の行動でなくともよい。水辺に松があって、その松が水辺上に枝を差し伸べていれば、それが親水性の象徴となるのである。ここでは松が人間の動作を代替してくれているのである。

太田川でのデザインの実践と、借り物だった『土木空間の造形』の頃とは違う仮想行動論を始めとする独自の記号論を盛り込み、さらには景観の解析指標をデザインの観点からまとめ直した「ディスプレイ論」をも加えて、中村は『風景学入門』（中公新書）を上梓する。昭和五十九年のことだった。この本に関しては面白いエピソードがある。教え子の岡田が早速これを買い込み、懸命に読んで中村に「（通勤の）電車の中で読んでいます」と言ったところ、中村に「あれは電車の中で読むものじゃないよ」と言われたという話である。そう軽々に読まれては困る、もっとじっくりと腰を落ち着けて読んでほしいということだった。『風景学入門』は、自信作だったのだ。その自信の通り、この本は樋口の『日本の景観』に続いて、サントリー学芸賞を受賞する。

（四）

東工大以降の中村について書き出すと切りがない。この『風景学入門』以後も、中村は次々に展開し、変身し、新たな景観研究者像、景観デザイン実践者像を切り拓くからである。中村は定年二年前の平成九年から京大土木の併任教授となり、同十年に京大を本務とする。古くは工部大学校（東大工学部の前身の一つ）を出て、京大土木の教授となった田辺朔朗（注一）以来の、東大土木出身の京大教授であった。如何に京大土木が中村の実績を評価していたかが分かる。中村は平成十三（二〇〇一）年三月、六十三歳で京大を定年退官する。以降、定職には就いていない。これは中村の恩師、鈴木に言わせれば正しい選択であった。

そろそろ東工大の定年も近づいて、後をどうするのか、皆が気にし始める頃、鈴木は東大の土木に戻っていた筆者に何回もこう言った。「中村君には俺の失敗を繰り返させてはならん。あれ（中村）には時間を与えて論文や本を書かせなければ」、「お前何とかしろ」、という仰せだった。お前何とかしろと言われても、後輩の筆者が何とかできる問題ではない。しかし、「お前は本家の東大土木にいるんだろう」という気持ちだったのだろう。鈴木の言う失敗とは、定年後に行った農大では学生も多く、ロクな研究、教育ができなかったという反省なのである。だから、「中村君」を私大等には行かせるなという意味なのであった。定年後に至ってまで、中村に懸けた鈴木の期待はそれほどまでに大きかったのである。この期待は、中村を東大に戻して以来一貫していた。中村はこの恩師の期待によく応え、期待以上の成果を出したといって良い。

鈴木の師弟関係の有り方を語る口癖に、「ピカソの弟子はピカソではない」という言葉がある。師のピカソを超えるには、ピカソと同じようであってはならないという意味である。前に述べた「茶坊主」嫌いと同根の発想である。師の鈴木がピカソだとすれば中村は何になるのか。うまいたとえは浮かばないが、ピカソでないことは確かであった。鈴木が定年を二年残して東工大を止めたことは先に書いた。農大の高橋の誘いが丁度良いと思うタイミングだったこともあろうが、一番大きな理由は、「中村は既に俺を超えた」という自覚が大きかった。鈴木は筆者にそれを明言している。鈴木が考える理想的な師弟関係だった。

（五）

最後にこれだけは触れておかねばならない。それは中村の最新の、デザインの自信作、古河《こが》の「御所沼コモンズ」である。

昭和十三（一九三八）年生まれの中村は、戦中、戦後、東京の青山から古河に疎開していた。茨城県最西端、渡良瀬河畔の古河である。その古河市から、古河公方が根拠地としていた御所沼の公園化の仕事が舞い込む。中村は処女作である太田川以上の意欲を持って古河に取り組む。筆者の記憶では毎週のように古河に通っていた。教え子の小野寺を使い、建築家の内藤廣、妹島和世にも協力を求めて、御所沼コモンズは完成する。それは、かって開墾され、後に放棄されて荒れ地となっていた土地を、沼と湿地に復元する事業でもあった。かねてから中村は日本の歴史は湿地、沼地の開墾の歴史だったと主張し、休耕田が増大する現代こそ、その地を湿地、沼地に復元し、本来の日本の風景を取り戻すべきだと唱えていたのである。この意味からも、古河の仕事は中村にぴったりの仕事であった。中村は何枚ものスケッチを描き、造成の現場指導を行い、公園の随所に、かっての地名を参照しながら、命名を行なっていった。これもかねてから、土地に名前を与えるという行為も立派なデザインであると主張していたからである。

出来上がりをみると、この御所沼コモンズのデザインは「公園」のそれではなく、実に肌理の細かい「日本庭園」そのものである。ここには卒論の折に「日本庭園のごときもので書きたい」と言っていた、若き日の中村の思いが蘇っているのかも知れない。ただし、この日本庭園には、木橋ではなく鉄とコンクリートの橋が架かり、コンクリートの二次製品やコンクリートののり枠が意識的に多用されている。中村はノスタルジーの庭園ではなく、現代の日本が直面している風景を中村流の日本庭園として作庭したかったのだろう。この破調のデザインを嫌う者は、実は景観仲間にも多い。筆頭は愛弟子の斎藤潮だろう。素直な眼で見れば、やはり違和感を感じざるを得ないからだ。しかし中村は、あえてこのデザインを行なったのだ。伝統的な違和感のない日本庭園に収めようとすれば、それは中村にとっては容易だったはずである。

中村はこの御所沼コモンズ完成後、『湿地転生の記』(岩波書店)を出版する。送られてきたこの本を読み、この沼再生に懸けた中村の熱い想いを再認識する。叙述の半分は古河で過ごした少年期の思いにあてられ、土地と少年の心、沼と少年の想いの響き合いが記述されている。数多い著述の中で、中村が自分の想いをこのように綴ったものは初めてである。いつもは冷静な中村が、かつての自分を感情を率直に出して語っているのである。感動という面からいえば、全ての中村の著述の中で、最も感動的な本である。

中村英夫はこの本を評して、「篠原君、あれは自伝だよ」と言う。そう、『湿地転生の記』は、中村の自伝として読むべきなのかも知れない。

(六)

以下、筆者の事。昭和四十六(一九七一)年四月に入社した(株)アーバン・インダストリーは四十九年六月に倒産した。いろいろ考えたあげく、サラリーマンは三年（正確には三年三ヶ月）やってもうよいと考え、「恩師」の鈴木を頼った。やはり景観への思いが断ちがたかったのである。修論はそれほどまでに面白かった。既に結婚していて（仲人は鈴木）、子供も一人居た。女房がよくOKしてくれものだと思う。鈴木研に机をもらい、四月からは完全な浪人、十月から東工大の研究生となった。鈴木との約束は、鈴木が持ってくる仕事を筆者がこなし、その中から毎月給料をもらうというものである。女房共々、鈴木もよくOKしたものだと思う。直接の弟子でもなく、中村のごとくに才能を認めたわけでもない若僧を。もっとも卒論の発表以来の面識はあり、修論前夜に慰問で来てくれたことは既に述べた。当時の筆者の渾名は「イカレポンチ」だった。命名者は鈴木で、この渾名は鈴木以外には通用していなかった。何故イカレポンチかというと、昭和四十三年の秋の土木学会で一緒になり、名古屋のバーに連れていってもらった折のことに起因している。当時筆者はそれなりにお洒落だったので（今では誰も信じてくれない）、最新流行のタートルネックのシャツを着ていて、そのバーで、ゴーゴーなどを踊ってみせたからである。これであいつはイカレポンチであるということになったのである。頭がおかしかったわけではない。ちなみに二代目のイカレポンチは天野光一（東大土木、昭和五十三年卒）である。頭を角刈りにしたり、髭を伸ばしたりして、自分を遊んでいたからだろう。

翌年の秋に声がかかり、昭和五十（一九七五）年十月、東大農学部林学科森林風致研究室の助手に採用された。筆者、三十歳。推薦者は先に触れた研究室OBの三田育雄である。研究室の陣容は教授鈴木（東工大と併任）、助教授塩田敏志、先任の助手は熊谷洋一（東大林学、昭和四十三卒）であった。ここには結局四年半お世話になった。他学科出身者がいつまでもいるわけにはいかないから（これは当時の大学の常識だった。今は大分変わってきたが原則的にはそう変わらない）、学位論文を懸命に書いた。この論文「景観のデザインに関する基礎的研究」で昭和五十五（一九八〇）年二月、学位をもらった。八十島定年直前のことだった。その前年の夏にはほぼ書きあげていたので、中村の温情により、北村真一と三週間ヨーロッパを巡った。最初のヨーロッパ行だった。

学位論文は二部構成とし、第一編（関係の操作による景観のデザイン）は、視点、視点場、主対象、対象場という四つの要素を用意し、その関係の取り方により景観デザインが方法論的に解明できることを論じた。景観デザインは要素間の関係のデザインであり、通常考えるように物の造形なしでも成立することを明らかにしたのである。第二編（対象の創造による景観のデザイン）では実用を契機に形づくられる要素、すなわち水防林や輪中、散居村等が、（非意図的に）景観を形成する側面を論じた。後に『土木デザイン論』（東大出版会）で論ずることになる景観の三つの成因の内の一つ、「なる」景観を論じたのだった（他の二つは自然の営為が作り出す「生まれる」景観と、人為が意図的に作り出す「つくる」景観である）。

主査は八十島、景観の分かる審査員として東工大の中村、林学の塩田に加わってもらい、都市工の大谷にも入ってもらった。大谷に事前に説明に行った折のことはまだ覚えている。「君、僕は五冊もいらないよ」と大谷は言った。筆者の論文は手書き（女房の清書）、それが当時は一般的だった。膨大なもので、全五分冊となっていた。それを大谷が誤解して、五部分を持ち込んだと思ったのだった。この論文の折にも主査八十島は土木に拘った。学位論文が備えるべき用件をこまごまと述べた後（これは以前に書いた）、やはり「土木」の論文なのだから、君の理論が正しいことを検証するための土木の（計画の）ケーススタディを加えるようにと要求した。筆者は、なるほどそういうものかと思い、プロジェクトでやっていたプランニングの事例をケーススタディとして載せた。しかしやはり審査員の一人だった中村英夫は、「君、そんなもんはいらんよ」と言った。論旨を展開している本文のみで十分だという評価だったのである。もっと端的だったのは、中村良夫だった。第一編だけで学位論文として充分だと筆者に言った。しかし、もう第二編も書き終えているのである。今更取り下げるわけにもいかない。事程左様に論文の評価というものは異なるのだ。誰を主査に選ぶかは重要である。もっともこれは筆者が大学人となって痛感した、後の話である。中村に必要ないと言われた第二編だったが、これを書こうと考えて日本各地を廻ったのは良い経験だった。土地利用、広くは人間の営為が国土の景観形成に、如何に強く働いているかを認識できたからである。

この論文は後に中村の計らいで、『土木景観計画』(技報堂出版)として出版される。論文の第一編をまとめ直したものである(この本は土木学会の創立六十周年の記念出版として企画された、『新体系土木工学』のシリーズで百冊のうちの一冊として出版されたものである。筆者初めての単著だった。出版は昭和五十七(一九八二)年六月、筆者三十六歳である。出版元の技報堂出版によれば、全百冊の内、未だに絶版になっていないのは、筆者の本を含み四冊のみだという。二十五年以上にわたるロングセラーである)。

(七)

鈴木の尽力で、昭和五十五(一九八〇)年四月から、筑波の建設省土木研究所に勤めることになった。挨拶の日、鈴木は付いてきてくれた。土研の幹部に不肖の弟子をよろしくと伝えたかったのだろう(こういう行動力と義理堅さは鈴木独特のものである)。五年程という約束だった。もっとも五年先に具体的な当てがあったわけではない。行きの常磐線の中で、鈴木は「常磐線のボックス席は間隔が狭いんだよ」と言った。

筑波の生活は快適だった。何せ当時は景観研究に対する行政的ニーズは皆無だったから、好きな研究をやっていれば良かったのだ（土研は建設省の付属研究所だから、行政が必要とする課題を研究するのが基本なのである）。好きな研究をし、論文を書き、同期入省の十年後輩、天野とよく遊んだ。懸命に（査読付き）論文を書き出したのは、それがなければ業績にならないと知ったからである。交通研時代も、森林風致研時代も、誰一人として、査読付き論文を書かねば研究者としての業績にならないと教えてくれる者はいなかったのである。考えてみれば、ひどい先生、ひどい先輩だった。お陰で昭和五十五年二月、博士の時点では査読付き論文（いわゆるペーパー）はゼロだった。これでは研究者としてやっっていけないのである。もっとも、研究者、大学人としてやっていく気はなかったから、筆者が鈍感だったのだろう。

約束の五年が過ぎても、次の就職口は見つかる気配は一向になかった。楽しい土研の生活もさすがに厭になり始めていた。周りに景観の人間がいないため、知的な刺激がないからである。あの当時、昭和六十年の春頃、鈴木はどう考えていたのだろうか。鈴木は既に農大に移っていた。だから筆者の面倒見は後継者中村の役割だよ、と考えていたのかも知れない。しかし託された中村としても、景観のような新興分野の場合、大学にポストがあるわけではない。新たに獲得しなければならないのである。これはたやすい人事ではない。両人に何らかの成算があったとは到底思えない。

幸運は昭和六十（一九八五）年のクリスマスにやってきた。森林風致の塩田から電話がかかってきて、至急上京し、会って欲しいというのである。思ってもみなかった話だった。森林風致に助教授として戻ってくれないかという話だったのだ。嫌も応もない。ありがたい話だった。生涯に何度も転職したが、この時の転職が最も嬉しかった。また、あの楽しかった、また充実していた森林風致に戻れるのだと思うと。

昭和六十一年四月、林学科の助教授となった。先任の助手だった熊谷は講師で演習林に出ていた。この筆者の人事は、塩田が単独で決断したのか、再び三田の意見を聞いたのか、それは分からない。存外に、ずっと非常勤で研究室に顔を出していた小島の考えだったのかも知れない。確かなことは、鈴木の意向とは全く無関係だったという点である。

（八）

上司の教授、塩田は筆者が戻って一年で辞めてしまった。鈴木と同様に定年前に農大に行ったのである。堀部下の助手は筆者が助手時代の学生、堀繁（昭和五十一年卒）と下村彰男（昭和五十三年卒）だった。堀は環境庁から、下村はラックから塩田に戻されていたのである。学生は性格が優しく（これはかねてから中村が指摘していたことだった。やはり生物を相手にする林学の人間は工学部などと比べると、気が優しいのかも知れない）、研究対象は恵まれていた（たとえば学生実習を挙げると、土木は橋や地下のトンネル等の現場となる。森林風致のそれは、国立公園なのである。山を歩き、すばらしい風景を眺め、夜は温泉に泊まることになるのである。何たる違いであろうか）。

楽しく、恵まれた日々が続き、年号が改まった平成元年の正月早々には、当時学科主任だった南方康教授にこう告げられていた。年度が変わったら「講座担当の」助教授にするからと。講座担任の助教授とは、年齢的に教授にするのは早すぎるので助教授のままなのだが、「講座の責任者」にするという意味である。つまり研究室のボスとして認めるという意味なのだ。

しかし恵まれた日々は永くは続かなかった。この人事に横槍が入ったのである。横槍を入れたのは、他ならぬ鈴木だった。土木出身の人間が林学の教授になるのは、けしからんと言うのである。理屈はこうだった。土木には林学とは比べ物にならない程多くのポストがある。にもかかわらず、その多くのポストを持つ土木の人間が、少ないポストしか持たない林学のポストを食って教授になるのは、けしからんと言うのである。確かに全国の大学を見渡して、全体の趨勢を論ずるならば鈴木の理屈は正しい。しかし、こと森林風致の人事に介入する場合には屁理屈としか言いようはない。研究室も、林学の教授達も、また環境庁の研究室ＯＢにも何の異存もなかったからである。あるＯＢの環境庁幹部は、「篠原君、頼むよ」と言った位であった。

しかし恩師には逆らえなかった。浪人、研究生時代に面倒を見てもらい、土研に就職口を世話してもらった恩師である。

この横槍には中村も驚いたことだろう。中村は筆者の行き先を心配して、日大の交通土木の教授だった三浦裕二に相談を持ちかけたらしい。それ以前から三浦は、（専門は土質、舗装だったが）景観に興味を持っていたからである。この話が進んでいれば、筆者は習志野の日大の助教授になったのだと思う。

中村は中村英夫にも相談していた。鈴木が生研から東工大に引っ張り、昭和五十年に東大に戻って教授になっていた、あの中村英夫である。中村が土木の教授連に話をした結果だろう。筆者は平成元（一九八九）年十一月、林学から土木に移籍することになる。取り敢えず、「しばらく引き受けよう」ということだった。それも当然で、土木に景観のポストはないからである。この年、平成元年は初めて胃が痛いという経験をした年だった。それまで胃痛の経験はなかったのである。極めて不愉快な半年だった。だが鈴木に対する恨みはなかった。鈴木の横槍は、通常の人事からいえばルール違反だったが、結果論から言えば「大正解」だった。筆者がそのまま教授に昇進していれば、東大における景観研究の拠点は林学の森林風致のみになっていたはずである。東大土木の景観は、昭和五十一（一九七六）年の中村東工大移籍によって消滅していた。もし筆者が東大土木に戻されずにいたら、今日の土木の景観研はないし、土木学会に景観・デザイン委員会が生まれることもなかったかも知れない。鈴木の言う土木の「本家」

の影響力はそれほどまでに大きいのである。もちろん、景観研の一期生、中井、平野、西村浩以下の北河、福井、一丸、星野も生まれようもなかった。そこまで鈴木が読んでいたとは到底思えないが、鈴木の「勘」は正しかったのである。

土木の助教授となった筆者は、中村英夫の測量研に属した。かつて都市工時代の鈴木が下水道講座の助教授としていたように、居候の助教授だった。居所を転々としたこと、林学にいたこと、居候を経験していること、筆者の経歴はかなりの部分で鈴木に重なっている。

平成三（一九九一）年の五月、筆者は居候のまま教授に昇進した。四十五歳である。この人事がどうして実現したのかは分からない。教授にするということは、もう首にしないということを意味する。つまり篠原は土木に残ってよいという学科の意思表示なのである。この決断を下したのは、当時土木教室を仕切っていた中村英夫（昭和三十三年卒）、西野文夫（昭和三十四年卒、応力、後に国際援助）、岡村甫（昭和三十六年卒、コンクリート工学）の三教授である。後に中村に聞いたところによると、中堅、若手の教官達にも全く異存はなかったという。

土木出身とはいえ、景観を専門とする人間を教授として受け入れる。昭和末、平成初頭の土木教室は、中村が道路公団から戻った昭和四十年代の土木の教室とは、全く様相を異にしていたのである。鈴木の言う古典土木に凝り固まった教授はほとんどいなかった。もっとも多少の伏線はあった。昭和六十一（一九八六）年度から、景観設計Ⅰ、Ⅱが学部の講義として開講され、筆者は非常勤講師として、中村、窪田とともに土木で教えていたのである。この講義を新たに起こそうと考えたのは誰か、それは分からない。恐らく西野か岡村か、ハード系の先生だったに違いない。ただ後になって聞いてみると、土木工学科は駒場からの進振りで定員割れを起こし、その人気挽回策の一つに景観設計Ⅰ、Ⅱの開講があったのだった。筆者の林学における昇進についての鈴木の拒否（平成元年）と、タイミングとしてはピタリと合っていたのである。この土木における定員割れ、その対策としての景観設計の開講がなければ、筆者が東大土木に戻ることはなかったろう。誠に綱渡りのごとき人事だった。

教授昇進の約二年後、土木では研究室の再編が行なわれ、景観研究室が設置される。平成五（一九九三）年四月の事だった。教授篠原、助教授斎藤潮（東工大社工、昭和五十六（一九八一）年卒、中村の弟子）、助手石井信行（東工大土木昭和五十九（一九八四）年卒、I. H. I.から筆者がスカウト）という陣容でのスタートだった。中村が助手として戻った昭和四十（一九六五）年から二十八年、鈴木が演習林から専任講師として土木に移った昭和三十六（一九六一）年七月から数えると、三十二年弱の月日が流れていた。鈴木は感無量だったろう。この時、鈴木六十八歳、中村五十四歳、筆者四十七歳であった。

教授に昇進した折にも感じたことだが、このポストには本来中村が就くべきである、そう強く思った。ことに独立した景観の研究室が生まれ、その感をさらに強くした。ここに居るべきなのは筆者ではなく中村なのである。しかし事の行きがかり上、こうなった。それはどうする事もできない運命のようなものである。本家のポストは重くとも、やっていくしかないのだ。

（九）

その後助教授には天野を迎え、石井が山梨大に去った後の助手には中井祐（平成三（一九九一）年卒）、福井恒明（平成五（一九九三）年卒）を呼び戻した。平成十八（二〇〇六）年三月定年時の陣容は、教授篠原、教授内藤廣（昭和四十九（一九七四）年、早大建築卒）、助教授中井祐、講師福井恒明という豪華な陣容だった。教え子の一期生中井とは二十三歳年が離れているので、誰かを間に入れなければならない。ここでも筆者の頭の中には鈴木の教え、「ピカソの弟子はピカソではない」が生きていた。助教授だった天野には辛いことだったろうが、間の後継者に内藤を考え、スカウトした。出身の大学も違い、近いとはいえ専門が異なる内藤の人事に、土木の教官達がよく賛成してくれたものだと思う。中村が時折言う昭和四十年代の土木から見ると今昔の念に耐えない。平成八（一九九五）年の旭川の連立プロジェクトでの付き合い以来、内藤の人柄とそのデザインの力量に感服していたのである。

平成十八年三月、筆者は東大土木を去った。現在その後には内藤、中井がおり、東北大土木には中井と同期の平野勝也がいる。また、文化庁には土木出身初の北河大次郎（平成四年卒）、熊本大には星野裕司（平成六年卒）がいる。多少重くはあったが、恵まれた、楽しい土木の日々であった。昭和六十一（一九八六）年以来数多く手掛けて来た各種プロジェクトのデザイン実績も満足のいくものだった。

土木学会における景観工学の活動も順調だった。平成九（一九九七）年には、学会の中に常設委員会、「景観・デザイン委員会」が発足し（初代委員長中村良夫、同幹事長筆者）、実践に重きを置いた活動がスタートする。同年、デザインワークショップ、同十三年、景観・デザイン賞授賞制度、同十七年、景観・デザイン研究発表会、同十八年、景観・デザイン研究論文集発刊と続く。担い手の中心は、中村、筆者らの元で育った景観第三世代の中堅、若手である。

（十）

鈴木の長い研究・教育生活の中で、一つだけ誤算があった。それは鈴木の本業、観光の秘蔵っ子であった渡辺貴介の早すぎた死である。鈴木は昭和五十七年に、渡辺を膝元の東工大社工に戻し、これで観光は大丈夫と一安心したはずである。昭和五十一（一九七六）年に景観の中村を東大土木から引き取ったものの、観光の軸になるべき渡辺が新潟の長岡（長岡技科大）では、不安だったのである。鈴木を観光を支える部隊には、（財）日本交通公社の原重一を筆頭とする、林清（東工大社工昭和五十一年卒）以下の人材群はあったものの、後継者を育てる大学に人を得なければ、将来が危ういからである。そして、鈴木は口には出さなかったものの、自分の経験からして、それなりの大学でなければ人材は出ない事実をよく認識していたに違いない。首都圏で言えば、それは東大、東工大、早大などである（土木、社工のある大学で）。

その首尾良く戻した渡辺が病い（癌）に倒れたのである。渡辺自身も無念だったに違いない。さあこれから、今までの豊富な現場経験とキャリアを活かして、という時期だった。渡辺は鈴木研の助手の後、ラックで実務経験を積み（もっとも院生時代から鈴木の元で数々のプロジェクトをこなしてはいたが）、東大土木交通研の助教授となり、イギリスのエディンバラに留学し、帰国後雪国の長岡も経験していた。長い外廻りの後に、恩師鈴木の元に戻ってきたのだった。渡辺の専門は観光だったが、東工大復帰後、力を入れていたのは、都市計画の原論ともいうべきものだった。出身の都市工の教授連（皆自分より若い）に飽き足らぬ所を感じていたからに相違ない。中村とも、その辺りのことはよく語り合っていたようである。

鈴木は根っからの教育者なのだと、今日この頃つくづく思う。農大を七十歳の定年で辞めた後も情熱は衰えることを知らず、「当て塾」という観光の私塾を主宰して今日に至る。「当て塾」の当てとは、当てをつけるの当てで、目標を立てる、（成果の）見当をつける等の「当て」である。鈴木に言わせればこれが企画立案、計画立案にとって最も大切なところで、トンカチ（工事、施工）の工夫などは末梢のことなのである。当初、故八十島と親しかった那須の企業経営者をスポンサーに、黒磯に事務所を開いた。自身も週の何日かは黒磯住まいなのである。これには皆呆然とした。何、黒磯は新幹線で行けばすぐだよ、と鈴木は言うのだった。奥さんに、「あなた、道楽もいい加減にしてください」と言われたのは、この頃のことである（鈴木七十代後半）。

そのスポンサーが亡くなってさすがに黒磯は引き払ったが、八十島以来の計画交通研究会に月に二度、若手、中堅を対象に「当て塾」を開き、語り、教えることを止めない。身体のことも注意してのことだろう。ビール一辺倒だった鈴木は相変わらずビールをうまそうに一杯飲み、後は焼酎に切り替える。「相変わらずお元気ですね」と言うと、「何、空元気だよ」と答える。時折、「人間、気力だよ」とも言う。

注

一　工部大学校（東大工学部の前身の一つ）卒。卒論として設計した琵琶湖疎水を京都府に入って実現したことで有名。東大教授を経て、北海道の鉄道建設に従事する。後京大教授。『明治前日本土木史』を編纂する。土木史の創始者でもある。

あとがき

鈴木忠義は土木、造園、都市工、社工の分野に三つの新しい分野を創設した。観光、景観工学、計画の哲学である。鈴木の信念は、本文にもたびたび触れたきたように、「学問と芸術はオリジナリティ」というところにある。だから「ピカソを超える者はピカソではない」となるのである。群れるのを嫌う。本書では、景観工学の分野を対象に、その創設期を描いた。樋口論文による景観工学誕生までの時代である。景観工学の誕生以降、景観工学は研究の分野でも裾野を広げ、あるいは進化し、筆者以後の第二世代、第三世代の時代に至って多士済々の人材を輩出しつつある。中村の太田川によって切り拓かれたデザイン実践の領域では、見ようによっては研究以上の社会的な成果を挙げ、建築、都市計画、造園、ＩＤ（工業意匠）等の他分野の注目も浴びつつある。第一世代の中村、筆者が中心となって引っ張ったこの領域の軌跡については、「十一、その後」でその荒筋は記したが、後日、誰かの手によって、より詳細に描かれるべきだと考える。この時代にまで踏み込むと、本書をいつになっても終えることができない。

鈴木の出発点であり、第一の柱である観光については、原重一、三田育夫、渡辺貴介等に触れつつ、鈴木の都市工時代までを描いた。霞が関の各種の審議会、数多い観光のプロジェクトなどの記述が不充分なことは十分承知している。しかし観光は筆者の専門外のことゆえ、この程度の記述に止めざるをえなかった。本格的に書こうとすれば、一からの資料集め、キーパーソンに対するヒヤリングが不可欠である。これは観光を専門とする研究者の仕事であろう。その最適任者は渡辺貴介であったが、もう今は亡い。誰かが名乗り出ることを願うばかりである。

鈴木が最後になって力を入れていたのが、計画の哲学（公共計画論）である。昭和四十一（一九六六）年、土木学会の中に、土木計画学研究委員会が発足した。メンバーは交通計画と河川の研究者が主流であった。そしてその交通の分野は、モデル派とロマン派に分かれていた。モデル派と呼んだのは土木計画を「科学的に」研究しようとするグループで、勢いその目的と成果はペーパー（論文）に集約される。一方のロマン派は、研究の基礎に歴史と（プロジェクトの）事例を置き、土木計画が備えるべき哲学（根本的な価値観、これは時代とともに変わる）と、公共事業の目標設定論を中心課題に据えようとした。勝敗は明らかだった。大学の研究者が多数を占める以上、客観性を打ち出しやすく、ペーパーを書くことのできるモデル派が勝者となったのである。

当初は参画していた河川分野の研究者も、いつの頃からか、土木計画学から姿を消していた。現実の洪水、渇水といった現場から逃れようのない河川の技術者と、現実を見ずとも（これは言い過ぎか、しかし交通研究者の多くは何故か現場に興味を持たないのである）、論文を書くことのできる交通計画研究者では価値観が異なって当然だったのかも知れない。こうして現在の土木計画学は、交通モデル派のみの委員会となっている。さまざまな議論があった、この土木計画学の創始期に焦点を当て、敗れ去ったロマン派の鈴木の視点から、その軌跡を記すことは、現代の土木にとって、さらには将来の土木を考えるにあたって、極めて重要な仕事になると確信する。現役バリバリの計画系の研究者は、（筆者とは違って）極めて多忙だから、誰がその任に当たってくれるのか見当もつかない。計画（計量）の鈴木の一番弟子、森地茂は最適任のはずだが、そんな暇ないよ、と笑って言うに違いない。以上のような言い訳とともに、取り敢えず本書を書き終えることができた。恩師、鈴木忠義にいくらかの恩返しができたかと思う。「ホッ」としている。この「ホッ」とした気分は、平成十（一九九八）年の『景観用語事典』（彰国社）、平成十五（二〇〇三）年の『土木デザイン論』（東大出版会）に続く、三度目の気分である。

平成二十（二〇〇八）年五月吉日

建て替えなった崖上の我が家にて

素山・篠原　修

末尾になりましたが、いつもながらの悪筆をパソコンに入れてくれた、秘書の高橋陽子さんに感謝します。今回は特に長文だったから。

また、快くヒヤリングに応じてくれた、三田育雄、中川三朗、中村良夫、原重一、花岡利幸、森地茂、松崎喬、河村忠男の諸先輩にお礼を申し上げます。さらに、論文リスト作製に協力していただいた東工大、三木千壽、斉藤湖、東大、中井祐、京大、川崎雅史の諸氏にお礼を申し上げます。

出版は技報堂出版の石井洋平さんにお願いしました。中村の『土木空間の造形』、樋口の『景観の構造』を世に出してくれたのは技報堂出版だったことによる。

文献

（一）鈴木忠義先生の古希をお祝いする会、「鈴木忠義先生の古希をお祝いする」、一九九五年九月
（二）今岡和彦『東京大学第二文学部』（講談社）、一九八七年三月
（三）泉知行「東京大学第二工学部土木工学科における教育と環境」、東京大学社会基盤学科卒論、二〇〇六年三月
（四）八十島義之先生還暦退官記念会、「交通と計画四十年」、一九八〇年十二月
（五）東京大学森林科学専攻・森林風致計画学研究室、「森林風致計画学研究室25年の歩み」、一九九八年九月
（六）東京大学社会基盤学科・交通研、『交通研究室卒論・修論全リスト（戦後版）』二〇〇三年六月
（七）篠原修編、『増補改訂版・景観用語事典』（彰国社）、二〇〇七年三月

□鈴木忠義年譜（1）大13～昭24(1924～1949)［学生時代］（2）昭24～昭36.6(1949.4～1961.6)［演習林時代、12年3ヶ月］

元号（西暦、年齢）	学歴・職歴／○人物	論文、著作、報告書等	社会・観光・景観法令
	○明23(1890) 本多静六 林学科卒業		
	○大3(1914) 山口昇 土木工学科卒業		
	○大4(1915) 田村剛 林学科卒業		
	○大6(1917) 石川栄耀 土木工学科卒業		
	○大11(1922) 岸田日出刀 建築学科卒業		大8(1919) 史蹟名勝天然記念物法公布
大13.9.20(1924)	父伝吉、母チヨ（千代）の五男として向島に生まれる		大12.9.1(1923) 関東大震災、
	○大14(1925) 菊池明 土木工学科卒業		昭5(1930) 復興事業概成
	○昭4(1929) 加藤誠平 林学科卒業（森林利用）		
	○昭4(1934) 高山英華 建築学科卒業		
昭6.4(1931、6歳)	東京市立第一吾嬬小学校入学		昭6(1931) 満州事変
	○昭9(1934) 最上武雄 土木工学科卒業		昭6(1931) 国立公園法公布
昭11.1(1936、11歳)	東京市立中川小学校へ転校		昭9(1934) 国立公園第一次指定（阿寒、大雪山、日光、瀬戸内海等）
	○昭11(1925) 片平信貴　土木工学科卒業		
昭12.3(1937、12歳)	中川小学校卒業		昭11(1936) 2.26事件
昭12.4(1937、12歳)	府立七中入学（現墨田川高校）	○昭12(1937) 加藤誠平「橋梁美学」	昭11(1936) 日支事変
	○昭16.12(1941) 八十島義之助 土木工学科卒業（繰上げ、本来は昭17.3）		
	○昭17.9(1942) 芦原義信 建築学科卒業（繰上げ、本来は昭18.3）		
昭17.3(1942、18歳)	府立七中卒業		昭16.12.8(1941) 太平洋戦争
	一浪		
昭18.4(1943、19歳)	弘前高校理科甲類入学（北溟寮）		

昭20.3（1945、21歳）	同卒業（1年繰上げ）、自宅へ
昭20.4（1945、21歳）	東大第二工学部土木工学科入学 留年（3年時、結核）、写真クラブ
	○昭21（1946）大塚勝美 土木工学科卒業
昭24.3（1949、25歳）	同卒業「道路計画」
昭24.4（1949、25歳）	林学科演習林日雇い
昭25.9（1950、25歳）	同助手
	○昭26（1951）塩田敏志 林学科卒業

昭26.8（1951）「観光道路」（加藤誠平と）

昭28.9（1953）「海水浴場の計画」

昭31.9（1956）レクリエーションエリアにおける人々の集散離合（1）

昭32（1957）現代人の観光事情

昭32.9（1959）「自動車旅行の休泊施設」

昭33.3（1958）茨城県観光診断

昭33.9（1958）レクリエーションエリアにおける人々の集散離合（2）

昭20.8.15（1945）敗戦

昭21（1946）観光診断（日観連）

昭21（1946）国立公園指定（伊勢志摩）

昭25（1950）国立公園指定（磐梯朝日、秩父多摩）

昭25（1950）朝鮮戦争

昭28（1953）道路特会

昭29（1954）第一次道路整備5ヵ年計画

昭31（1956）日本道路公団設立

昭32（1957）高速自動車国道法公布、施行

昭33（1958）ドルシュ来日、名神起工式

		昭35.2（1960）土木計画と観光 昭36.1（1961）レクリエーションエリアにおける人々の集散離合（3） 昭36.3（1961）「観光開発をどう考えるか」	昭35（1960）名神山科初開通

鈴木忠義年譜（3）昭36.7〜昭41.6（1961.7〜1966.6）［東大、土木・都市工時代、5年］

元号（西暦、年齢）	学歴・職歴、◯人物	論文、著作、報告書等	社会・観光・景観法令
昭36.7（1961、37歳）	土木工学科専任講師（教授 八十島） ◯昭36.7（1961）塩田敏志 林学科助手	昭36.8（1961）路傍植栽の計画と取り扱い	
昭37.2（1962、38歳）	農学博士「海水浴場の集合離散」主査 加藤 ◯昭37（1962）三田育雄 林学科卒業「道路の植栽計画」 ◯昭37（1962）中川三朗 卒業（土質研） ◯昭37.4中村良夫 交通研		
昭37.12（1962, 37歳）	正子と結婚（旧姓渡辺） ◯昭38.3中村卒業「土木構造物の工業意匠的考察」 ◯昭38.3（1963）花岡利幸 山梨大土木工学科卒業「弾性床上の理論」 ◯昭38.3（1963）原重一　北大農学科卒業「芝生の育成」		昭37（1962）都市工学科発足
昭38.4（1963、39歳）	土木工学科助教授（農学部大学院兼任） ◯昭38.4（1963）原 土木研究生	昭38.10（1963）自動車道路の休泊施設	昭38（1962）東名着工（1969開通）

昭38.11(1963、39歳)	都市工学科助教授　観光レクリエーション研究室 （教授 下水道講座 徳平淳）		
	○昭39.4(1964) 原 都市工職員（〜昭42.3）		
	○昭39.4(1964) 村田隆裕 交通研	昭39(1964)「土木技術100年の歩み」	
	○昭40(1965) 村田卒業「道路景観における人間工学的方法」	昭40.3(1965)「道路と景観」（訳）	
	○昭40.4(1965) 渡辺貴介 都市工鈴木研		
	○昭40.4(1965) 中村良夫 土木助手		
	○昭41(1966) 渡辺卒業「観光誘致圏」	昭41(1966) 観光開発の方向を探る	
	○昭41(1966) 森地茂 土木工学科卒業	昭41(1966) 観光開発の意味と観光の原理（1, 2, 3）	
	○昭41.4(1966) 樋口忠彦 交通研	昭41(1966) 下関市観光開発の構想計画	

鈴木忠義年譜（4）昭41.7〜昭57.3(1966.7〜1982.3)［東工大、土木・社工時代、14年8ヶ月］

元号（西暦、年齢）	学歴・職歴、○人物	論文、著作、報告書等	社会・観光・景観法令
昭41.7(1966、42歳)	東工大土木助教授（昭42.3まで都市工併任）		
		昭41.8(1966)「国土と都市の造形」（訳）	
	○昭41.10(1966) 森地茂 東工大土木助手		昭41(1966) 土木計画学委員会発足
	○昭42(1967) 樋口卒業「道路景観構成技法についての研究」	○昭42(1967) 中村良夫「土木空間の造形」	
	○昭42(1967) 村田修論「道路における視覚環境の研究」	昭42.6(1967)「観光計画の研究」	
	○昭42.4(1967) 原 JTB 入社		
	○昭42.4(1967) 篠原修 交通研	昭42(1967) 観光計画から土木計画論へ	

昭43.12(1968、44歳)
昭44.4(1969、45歳)
昭48.12(1973、49歳)

○昭43(1968) 篠原卒業「透視図を利用した道路線形の研究」
○昭43.4(1968) 中村専任講師
芸大非常勤講師（集中、昭44、昭54）
東工大社工教授
昭45.3(1970) 村田博士論文「自動車運転者の注視対象に関する景観工学的研究」
昭45.4(1970) 村田社工助手
○昭46(1971) 中村英夫社工助教授（生研から）
○昭46.4(1971) 渡辺社工助手
東大林学科併任（講座担任～昭54.3）
○昭48.4(1973) 樋口社工助手
○昭49.7(1974) 樋口博士論文「景観の構造に関する基礎的研究」
○昭50(1975) 渡辺博士論文「余暇空間の誘致圏設定の方法と行動圏体系の研究」
○昭50.10(1975) 篠原林学助手
○昭50.12(1975) 中村良夫土木助教授

昭42(1967) 瀬戸内海観光の構想計画
昭43.11(1968) 観光レクリエーション施設の誘致圏
昭43(1968) 草津観光開発基本計画
昭44.1(1969) 景観計画における計量化
昭45(1970) 土木計画における評価システム
昭46(1971) 九十九里地区大規模海洋レクリエーション
昭47(1972)「21Cの国民生活と国土の未来像」
昭48(1973)「サービス施設と道路景観工学」
昭49(1974)「余暇社会の旅」、「現代観光論」、「土木計画の総合化」
昭50(1975) 樋口忠彦『景観の構造』

昭43～44東大闘争
（昭44(1969) 入試中止）

	○昭51.3（1976）中村良夫社工助教授 ○昭52.8（1977）渡辺東大土木助教授 ○昭55.4（1980）〃　長岡技科大助教授 ○昭57.6（1982）〃　東工大助教授 ○昭57.8（1982）中村良夫東工大教授	○昭57（1982）中村良夫「風景学入門」 ○昭57（1982）篠原修「土木景観計画」	
昭57.3（1982、58歳）	東工大退官（2年前倒し）	昭57（1982）観光レクリエーション計画	

鈴木忠義年譜（5）昭57.4〜平7.3（1982.4〜1995.3）［農大時代、13年］

元号（西暦、年齢）	学歴・職歴、○人物	論文、著作、報告書等	社会・観光・景観法令
昭57.4（1982、58歳）	東京農大教授 ○昭61.4（1986）篠原東大林学助教授 ○昭61.8（1986）渡辺東工大教授		
平7.3（1995、70歳）	同退職		

□人脈（注、研究者、デザイナー、プランナーに限定）

A、鈴木忠義 人脈・観光

- 鈴木忠義
  - 三田育雄（昭37）
    - 下村彰男（昭53）
  - 原　重一（昭38 北大農）
  - 前田　豪（昭41）
  - 渡辺貴介（昭41）
    - 安島博幸（昭48）
    - 大下　茂（昭54 明石高専建築、昭57 長岡技科大）
    - 十代田朗（昭60）
    - 羽生冬佳（平2）
  - 永井　護（昭44）
  - 林　　清（昭51）

B、鈴木忠義 人脈・景観（1）

- 鈴木忠義
  - 中村良夫（昭38）
    - 小柳武和（昭46）
    - 北村真一（昭49）
    - 窪田陽一（昭50）
    - 天野光一（昭53）
    - 岡田一天（昭53）
    - 笹谷康之（昭55 筑波大社工）
    - 小林　享（昭56 筑波大社工）
    - 斎藤　潮（昭56）
    - 伊藤　登（昭57 千葉大造園）
    - 佐々木葉（昭59 早大建築）
    - 小野寺康（昭60）
    - 仲間浩一（昭61）
    - 金　在浩（平2 博）
    - 岡田昌彰（平4）
    - 吉村晶子（平4 東大建築）
    - 姜　榮作（平6 博）
    - 田中尚人（平7 京大）
    - 山田圭次郎（平7 京大）
    - 馬木知子（平8）
    - アンドレア・セラッキー（平10 博）
    - 真田純子（平10）
  - 村田隆裕（昭40）
  - 田村幸久（昭41）
  - 樋口忠彦（昭42）
  - 篠原　修（昭43）（点線：天野光一、笹谷康之、小林　享）

B、鈴木忠義 人脈・景観（2）

篠原　修
- 掘　繁（昭51）
- 天野光一（昭53）
- 石井信行（昭59 東工大土木）
- 小野良平（昭62 理）
- 上島顕司（昭62）
- 重山陽一郎（昭62）
- 中井　祐（平3）
- 西村　浩（平3）
- 平野勝也（平3）
- 北河大次郎（平4）
- 福井恒明（平5）
- 一丸義和（平5）
- 星野裕司（平6）
- 高松誠治（平7 徳島大土木）
- 西山健一（平10）
- 崎谷浩一郎（平11 北大土木）
- 高尾忠司（平12）
- 新堀大裕（平12）
- 吉谷　崇（平12）
- 杉本将基（平14）
- 安仁屋宗太（平15）
- 尾崎　信（平15）
- 福島秀哉（平16）

C、鈴木忠義 人脈・計画

鈴木忠義
- 中川三朗（昭37）
- 花岡利幸（昭38 山梨大土木）—大山　勲（昭58）
- 森地　茂（昭41）
  - 伊東　誠（昭45）
  - 屋井鉄雄（昭55）
  - 兵頭哲朗（昭59）
  - 岩倉成志（昭62 理科大）
  - 岡本直久（昭63）
  - 高田和幸（平3）
  - 浜岡秀勝（平3）
  - 清水哲夫（平5）

□景観工学・論文リスト（卒論、修論、博士論文）

注・論文は景観第一世代が指導に関与した時期までとする

1. 東京大学林学科［指導教官　鈴木忠義、以下同様］

提出年	区分	執筆者	論文名
1959 (昭34)	卒	藤井昭三	レクリエーション―その発展と意義及び自然公園との関係
1961 (昭36)	卒	堺博信	草津を例にした観光集落における諸要因の相関に就いて
1962 (昭37)	卒	小島通雅	スキー場計画について
	卒	三田育雄	道路の植栽計画
1964 (昭39)	卒	橋本善太郎	レクリエーション交通の解析
1966 (昭41)	卒	前田　豪	観光資源考察
1975 (昭50)	博	塩田敏志	森林レクリエーション地の計画方法論に関する研究
1978 (昭53)	博	大井道夫	わが国における自然公園と自然保護思想の研究

2. 東京大学土木工学科［鈴木忠義・中村良夫］

提出年	区分	執筆者	論文名
1963 (昭38)	卒	中村良夫	土木構造物の工業意匠的考察
1965 (昭40)	卒	市ヶ谷隆信	工場地帯の美観
	卒	村田隆裕	道路景観における人間工学的方法
1966 (昭41)	卒	小笠原常資	運転者の注視点とその交通工学的応用
	卒	田村幸久	道路計画における景観工学の応用
1967 (昭42)	卒	樋口忠彦	道路景観構成技法についての研究
	修	村田隆裕	道路における視覚環境の研究
1968 (昭43)	卒	篠原修	透視図を利用した道路線形の研究
1969 (昭44)	卒	大方茂	道路設計における透視図の活用に関する研究
	修	樋口忠彦	都市環境の及ぼす心理的影響の計測手法に関する研究
1970 (昭45)	卒	木村洋行	道路透視図の計量に関する研究
	博	村田隆裕	自動車運転者の注視対象に関する景観工学的研究
1971 (昭46)	卒	小柳武和	構造物透視図の自動作成アルゴリズム
	卒	佐藤博紀	地形の景観に関する基礎的研究
	修	篠原修	自然景観の視覚構造
1972 (昭47)	卒	中村俊行	構造物透視図の自動作成
	卒	藤本貴也	地形透視図のアニメーション
1973 (昭48)	修	佐藤博紀	自然景観計画に関する基礎的研究
	修	小柳武和	橋梁景観の計量心理的評価に関する研究
1974 (昭49)	卒	石田東生	道路計画にともなう景観変化の評価方法
	卒	甲村謙友	土木用自動透視図作製手法の性能比較
	博	樋口忠彦	景観の構造に関する基礎的研究

1975 (昭50)	卒	窪田陽一	河川空間に関する基礎的研究
	卒	山崎隆司	都市緑地の風致的利用に対する尺度構成

3. 東京大学都市工学科［鈴木忠義］

提出年	区分	執筆者	論文名
1967 (昭42)	卒	小泉克彦	高原観光都市の研究一草津市の考察
	卒	菊池武則	大都市周辺のパークウェイの研究
1975 (昭50)	博	渡辺貴介	余暇空間の誘致圏設定の方法と行動圏体系の研究

4. 東京工業大学土木工学科［鈴木忠義］

提出年	区分	執筆者	論文名
1968 (昭43)	卒	外山正義	高速道路における休憩施設
	卒	檜垣忠良	南房総の海浜調査とレクレーションスペースの研究
1969 (昭44)	卒	青木　博	観光地の特性分析と観光交通量の予測（因子分析法の応用による）
	卒	熱海郁三	都市人の考察
	卒	佐藤源治	高速道路橋下における圧迫感の測定
	卒	新開弘毅	高速道路における運転者の視覚特性
	卒	中島直樹	海水浴場・プールの誘致圏に関する研究
	卒	永井　護	電子計算機による観光ルートの決定とそのネットワーク化に関する研究
	卒	早川康之	景観工学からみた高速道路に関する研究

5. 東京工業大学社会工学科［鈴木忠義・中村良夫］

提出年	区分	執筆者	論文名
1970 (昭45)	卒	金子　彰	海岸のレクレーション利用の航空写真解析
	卒	小林俊介	旅行行動圏に関する実証的研究
	卒	堀尾利晴	観光交通予測に関する研究
1971 (昭46)	卒	萩森敏裕	観光行動の空間的特性に関する研究
1972 (昭47)	卒	原地邦宏	観光開発と地方公共交通機関の関連についての研究（能登地域についてのケース・スタディ）
	卒	藪下光春	アースデザインに関する研究—地形・人工・人間
1973 (昭48)	卒	伍賀祥二	自然資源依存型レクリエーション施設（スキー場）の研究
	卒	名執芳博	自然地域における保護と観光利用の区分に関する研究—日光国立公園尾瀬地区におけるケース・スタディ
	卒	兵藤隆司	レクリエーション空間における施設相関の研究
	卒	細野光一	レクリエーション活動分析ー利用者の満足度による活動選択を意識して

	卒	安島博幸	観光流動の分析ー九州における観光交通量推定に関するケース・スタディ
	卒	高橋　章	離島開発における公共投資の歴史と今後の方向ー奄美群島と沖縄におけるケース・スタディ
	卒	関根康生	コミュニティーの可能性ー西伊豆の漁村”岩地”に学ぶ
	修	青木陽二	住民意識より見た自然環境に関する研究
1974 (昭49)	卒	北村真一	アプローチとしての歩行空間に関する基礎的研究
	修	林　直樹	街路景観に関する基礎的研究
	修	横山　陽	景観設計における地形透視図の応用に関する研究
1975 (昭50)	卒	阿部　勉	歩行者の道路評価に関する研究
	修	名執芳博	日常圏における晴の場の創出に関する研究—縁日および市を中心として
	修	兵藤隆司	都市におけるアメニティ空間に関する基礎的研究—都市生活者の好みの空間の分析
	博	永井　護	日常圏における公共の余暇環境整備に関する研究
1976 (昭51)	博	青木陽二	都市居住者からみた緑量水準の評価に関する研究
1977 (昭52)	卒	岡田富士雄	街路景観が道路標議の視認性に及ぼす影響に関する研究
	卒	菊地　茂	海岸線における地区設計のための調査方法に関する研究
	卒	堀井俊明	都市内河川の空間イメージ特性に関する基礎的研究
	修	水谷真理子	（社会開発）建築物と街並景観との調和に関する基礎的研究
	修	小野親一	（土木工学）都市内の河川空間に対する住居意識構造に関する基礎的研究
1978（S53）	卒	岡田一天	地形の作り出す空間構造の解析に関する基礎的研究
	卒	白井隆夫	高速道路の休憩施設に関する研究
	卒	根本圭子	都市イメージにおける河川と道路の機能に関する研究
	卒	本田吉広	都市空間の記憶構造に関する研究
1979 (昭54)	卒	金　利昭	住景観に対する住民の意識に関する研究
	卒	平田昌紀	河川景観におけるアクセス性の表現に関する研究
	卒	木村　淳	都市イメージの解析手法に関する基礎的研究
	卒	高坂克彦	歴史的町並みの破壊過程に関する研究
	卒	山本公夫	街路景観における視覚的領域性に関する研究
	卒	奥野正剛	歴史的町並みに対する住民の意識と、その属性に関する考察
	修	池田邦雄	河川景観の構成に関する研究
	修	岡田富士雄	（社会開発）街路景観の認知構造に関する研究
	博	北村真一	都市河川における環境イメージの解析方法に関する研究

1980 (昭55) 卒 石森信敏 地力都市イメージの構造に関する研究
卒 加藤信夫 台地末端における谷地地形の景観に関する研究
卒 広部光紀 商店街における屋外広告物の実態に関する研究
卒 山田順一 道路の切土法面の景親評価に関する研究
修 岡田一天 高速道路切土面の発生ならびに景観的影響の予測に関する研究
修 根木圭子 屋外広告物の実態ならびに規制方法に関する研究
1981 (昭56) 卒 内田一郎 運転者から見た道路景観評価構造に関する研究
卒 川上 進 新聞からみた横浜港に対する市民意識の移り変わりに関する研究
卒 斎藤 潮 屋外広告物中、自家広告に関する比較文化的研究
修 阿藤俊一 （社会開発）河川空間イメージの抽出方法に関する基礎的研究
修 奥野正剛 時間意識からみた都市景観に関する基礎的研究
修 平田昌紀 河川景観の象徴表現形式に関する研究
修 山本公夫 街並構成に関する比較文化的研究
博 三澤 彰 沿道空間における環境緑地帯の構造に関する基礎的研究
1982 (昭57) 卒 大島光博 震災復興事業に於ける計画街路に関する一考察—街路の植栽計画を中心として
卒 熊谷圭介 人間行動から見た展望場の施設計画についての基礎的研究
卒 刑部 敦 街路景観の改善に関する研究
修 神田稔弘 空港レイアウトの評価に関する研究
修 大西順一 等高線による地形透視図に関する研究—プログラム作成と有効性の検討
修 橋本正男 河川景観の視点場に関する基礎的研究
修 杉山晃一 （社会開発）東京における盛り場の変遷過程についての研究
1983 (昭58) 卒 川口義磨 都市の地勢学的構造と城郭景観
卒 中島昭寛 霞ヶ浦地域の景観に関する研究
卒 藤井嘉一郎 都市空間の境界領域のデザインについて
卒 吉野 忍 都市空間構成における敷地境界部分の役割とその意匠
修 斎藤 潮 海岸景観に関する基礎的研究
修 李 文鎮 台北市の近代街路計画史
1984 (昭59) 卒 阿部浩明 東京の眺望景観に関する基礎的研究
卒 毛受威雄 住宅地俯瞰景の評価に関する基礎的研究
卒 西村 浩 戦前の住宅地開発の空間設計思想に関する実証的研究
卒 前田文章 都市中小河川の空間設計に関する基礎的研究—野川・丸子川におけるケース・スタディを中心として

	修	伊藤　登	（社会開発）風土の景観システムに関する基礎的研究—江戸末期のまちのディテールを通して
	修	大島光博	地形の透視形態に関する基礎的研究
	修	信田直昭	（社会開発）建築外装仕上材料の大量生産化が都市景観に及ぼす影響に関する研究—屋根仕上材料について
	博	安島博幸	景観工学から見た送電土木施設の計画に関する研究
1985 (昭60)	卒	小野寺　康	河川空間の設計手法に関する研究—事後調査を足掛りとして
	卒	松岡利一	地場産業を生かした街の個性創造に関する研究—藤岡市を事例として
1986 (昭61)	卒	島田良児	地下鉄駅構内における空間デザインに関する基礎的研究—誘導機能を空間自体に持たせるための手法
	卒	仲間浩一	都市における対人認知尺度に関する基礎的研究
	卒	松木　淳	公開空地の街並み形成における現状と問題点に関する研究
	卒	小島克己	都市公園の都市空間内におけるおさまりに関する基礎的研究
	修	西村　浩	“まち” 空間の文脈に関する研究
	修	前田文章	人の行動に着目した河川空間計画に関する研究
	修	細井ゆかり	（社会開発）都市の演劇的構成手法に関する研究
	修	山下　葉	（社会開発）都市景観の作法的表現に関する研究
	修	今野久子	（社会開発）都市空間のコンテクストにおける眺望体験の位置付けに関する研究
	博	滝沢克巳	ゴルフコースのアース・デザインに関する研究
1987 (昭62)	卒	小出真美	住宅地景観における骨格構造とディテールに関する研究
	卒	吉村美毅	人の行動に基づく河川空間設計に関する研究—人の動きのパターンに着目して
	修	池森　徹	（社会開発）港湾の景観計画に関する基礎的研究
	修	石川　稔	（社会開発）町並み景観のしくみに関する研究
	修	小野寺　康	日本の都市空間生成における「付け」の構造に関する研究
1988 (昭63)	卒	佐々木正道	街路景観における建物間口長の性質に関する研究
	卒	篠塚裕司	まちの形成過程におけるイメージ連関に関する研究
	卒	富田英裕	都市空間におけるドラマの演劇的演出手法に関する研究
	修	佐藤康一	（社会開発）橋梁と背景の景観的適合性に関する研究
	修	仲間浩一	まちのイメージ把握手法に関する研究
1989 (平1)	卒	柴田恵子	都市デザインにおけるオブジェの意義に関する基礎的研究

	卒	清水祥堆	歴史的地層景観の読み方に関する研究
	卒	菅沼祐一	昭和初期、郊外洋風住宅の外部空間設計思想に関する研究
	卒	掘込順一	駅の空間設計における景観論的研究
	修	吉村美穀	商店街の発達過程におけるイメージ連関に関する研究
	修	金　鍾具	ゴルフコースのホール形状に関する景観論的研究
1990 (平2)	卒	岩本　聴	参道型歩行空間の構成に関する研究
	卒	清水美保里	店舗コンセプトと街のイメージの相互作用に関する研究
	卒	野中　賢	海岸域の空間認識の諸形態に関する研究
	卒	美濃輪和朗	地方都市におけるサウンドアメニティー指標に関する研究
	卒	山川　修	幕末の江戸における親水行為のための河川環境に関する研究
	卒	山下昭一郎	図絵資料に見る都市景観の構図的特性
	修	佐々木正道	プロデューサーを中心としたまちづくりの推進システムに関する研究
	修	秋元仁志	（社会開発）橋梁空間のデザイン論的研究
	修	五島　寧	（社会開発）漢城から「京城」への都市計画変容に関する研究
	修	富田英裕	（社会開発）都市の演劇的空間演出手法に関する研究
	博	金　在浩	景観現象における「言語の媒介作用」と「動き」の役割に関する研究
	博	笹谷康之	地形の意味に関する研究
1991 (平3)	卒	館林史子	都市の構造と立地からみた夜景の特性
	卒	蒲地毅拓	空中からの景観とその確認に関する研究－ハンググライダーを例として
	卒	橋本正也	商店街における看板設置の現状と視覚的特性に関する研究
	卒	前田佳紀	民俗資料による矢作川の流域像について
	卒	松島久美子	歩道と車道の中間領域に関する研究
	修	清水祥雄	地名による地域空間の確認構造に関する研究
	修	鈴木敏弘	市街高架橋のデザイン論的研究
	修	上山博史	(社会開発) 建築による都市デザインに関する研究 －「都市デザインにおける空間の接続」
	修	広瀬真一	(社会開発) 移動に伴う景観体験に関する基礎的研究
	博	小林　享	気象現象に伴う景観に関する研究
1992 (平4)	卒	嘉名光市	スキー場の運動イメージ、視覚イメージに関する基礎的研究

	卒	久野紀光	古河市綜合公園設計におけるエコパークの実験手法に関する基礎的研究
	卒	三條明仁	地下鉄路線の認知構造に関する研究
	卒	島児伸次	情景描写からみた駅のイメージに関する基礎的研究
	修	清水美保里	（社会開発）人間環境形成における樹木の記号論研究
	修	野中　賢	景観マスタープランの策定手法に関する研究
	修	美濃輪和朗	図絵資料研究における着眼及び分析の方法論に関する研究
	修	山川　修	行動体系に基づく河川景観の象徴表現
	博	仲間浩一	まちのイメージ構造のデザイン論的研究
	博	斎藤　潮	景観体験の範列的側面と統辞的側面に関する研究ー空間のアイデンティティにおける景観体験の位置づけ
1993 (平5)	卒	関　俊一	高架鉄道の車窓景観の分析手法に関する研究
	卒	鳥越豪郎	リゾート潜水における海中の空間認識に関する研究
	卒	柳川正宏	微地形に着目したエコパークのデザインに関する研究
	修	中川雅章	（社会開発）集落立地の空間イメージに関する記号論的研究
	修	山下昭一郎	都市内におけるオープンスペースとしての境内地空間のあり方に関する研究
1994 (平6)	卒	芦澤敏壽	河川景観デザインのための支援辞典の作成に関する研究
	卒	岩堀康幸	環境と行動に着目したキャンプ場の空間構成について
	卒	佐田　哲	地名呼称の分布に見る地区イメージの伝搬に関する研究
	卒	和田哲也	城下町における旧町名の使われ方に関する研究
	修	久野紀光	庭園と建築の相互関係におけるデザイン論的研究
	修	島児伸次	都市近郊沼地の生活史的研究ー渡良瀬後背湿地を事例として
	修	橋本健一	フランスリゾート基地における「風土性表現」に関する研究
	修	岡田昌彰	ウオーターフロントの景観計画に関する基礎的研究
	博	姜　榮祚	韓国における地形の相貌現象に関する研究
1995 (平7)	卒	池松恭子	人工構造物の同化と成熟のプロセスに関する研究
	卒	岡田光史	江戸期の料理屋の立地とデザインに関する研究
	卒	川村眞人	地域の文化施設が芸術鑑賞活動に及ぼす影響に関する研究
	卒	小西孝之	都電の廃止による中小盛り場の動向に関する研究
	卒	戸谷雅樹	鎌倉の海岸域の空間認識の変遷

	修	三条明仁	東京の地下鉄が界隈性に与えた影響に関する研究
	修	柳川正宏	複合表象としての都市景観に関する研究
1996 (平8)	卒	馬木知子	明治期における和洋混在都市体験に関する研究
	卒	篠原慎太郎	東京タワーの「同化・異化」過程に関する研究
	卒	木村　茂	地方都市における都市文化遺産の再構造化に関する研究
	修	岩堀康幸	サイクリング道路における空間認識と評価に関する研究
	博	吉村晶子	非定住型景観体験に関する研究ー「おくのほそ道」における景観体験構造の分析
1997 (平9)	卒	大塚紀和	基地空間の記号論的解釈
	卒	木村直紀	地形—構造物系の形態論的分析
	卒	仲川岳人	雑司ヶ谷における都市の層的構造に関する研究
	修	神村崇宏	景観表現の「同化ー異化」に関する通時的研究
	修	工藤　誠	不均質都市空間の動態的解釈
	博	岡田昌彰	テクノスケープに関する研究
	博	五島　寧	日本統治下「京城」の都市計画に関する歴史的研究
1998 (平10)	卒	会田友朗	〈転用空間〉に関するデザイン論的研究
	卒	小野木夢	街とマスメディアの連鎖的相互作用に関する研究
	卒	真田純子	都市解釈の方法的枠組みとしてのタウンウオッチングに関する研究
	修	馬木知子	廻遊式庭園にみる風景生成のデザイン論的研究
	修	篠原慎太郎	メディアに現れる景観イメージ把握に関する研究—塔状構造物をケーススタディとして
	修	森田泰弘	池沼環境とその空間利用の変遷に関する研究
	博	Andrea Ljahnicky	Intertextual Semiotic System in Human Environment
1999 (平11)	修	木村直紀	肢体不自由者から見た屋外生活環境—世田谷区梅丘地区における史的調査と意識調査を通して
	博	橋本健一	不均質空間における景観生成に関する研究

6. 東京大学林学科［篠原　修］

提出年	区分	執筆者	論文名
1976 (昭51)	卒	堀　　繁	森林イメージの評価に関する研究
	卒	村松清志	下町の小公園利用に関する研究
	卒	坪田正彦	公園内空間の評価とその要因について
1977 (昭52)	卒	浅野能昭	山岳を信仰対象とする神社についての一考察
	卒	阿部宗広	風景の傷つきやすさと建築物
	卒	曽根原滋	河川景観とレクリエーション活動
	修	福成敬三	苑地空間における利用形態に関する基礎的研究
1978 (昭53)	卒	神田修二	中小河川のレクリエーション資源性

	卒	小町谷信彦	公園内のベンチ利用状況解析
	卒	下村彰男	写真による空間の再現性
	卒	渡辺綱男	送電線景観に関する研究
	修	藤本和宏	樹林空間の活動と評価に関する研究
	修	屋代雅充	景観におけるテクスチュアに関する研究
1979 (昭54)	卒	石原尚吾	今日の都市公園の視覚的状況
	修	陳　小奇	樹木が空間に与える影響
1980 (昭55)	卒	後藤和夫	道路による自然景観の破壊に関する研究
	卒	虎谷慎治	公園境界に関する一考察
	卒	松倉達一郎	臨海部埋立地景観の評価に関する基礎的研究
	修	下村彰男	自然公園における空間イメージに関する研究
1987 (昭62)	卒	上島顕司	樹木の競合成長ビジュアル・モデル
	卒	栗原正夫	風景イメージ形成の構造
	卒	武内光昭	樹木の夜間照明効果の解析
1988 (昭63)	卒	鈴木修二	森林風景の分類と評価に関する一考察
	卒	石井　圭	水辺アクセス装置の型と形に関する研究
	卒	木村良孝	森林の風致的取り扱いに関する研究
	卒	種田守孝	風致地区の変遷とその概念に関する研究
1989 (平1)	卒	植田明浩	国民休暇村にみる国立公園集団施設地区の計画思想について
	卒	江頭俊昭	自然の営為による景観変化への対応に関する研究
	卒	高梨　光	島を中心とした海浜空間に関する研究
	卒	田中伸彦	次元的景観概念の導入による森林の風致的取り扱いについての一考察
	卒	塚田佳志	繁華街における道の階層構造に関する研究
	卒	溝口伸一	伝統的橋詰空間と都市のコンテクストに関する研究
	卒	山根ますみ	武蔵野の景観変遷とイメージ・評価の変化
	修	上島顕司	伝統的な水辺空間の型とデザイン原則に関する研究
	修	小野良平	震災復興期に至る都市公園設計の史的展開
1990 (平2)	卒	山本和人	明治期から戦前期に至るプロムナードの系譜とその空間形態

7. 東京大学土木工学科・社会基盤工学科

[篠原　修・斎藤　潮・天野光一・内藤　廣・中井　祐]

提出年	区分	執筆者	論文名
1987 (昭62)	卒	重山陽一郎	（コンクリ研）歌舞伎の花道にみられる日本人の道空間意識
1991 (平3)	卒	中井　祐	（橋梁研）人工海浜のデザインに関する研究
	卒	西村　浩	（橋梁研）斜張橋の景観設計とその造形イメージに関する考察

	卒	平野勝也	（測量研）日本におけるヴィスタ型設計の受容と変容に関する研究
1992 (平4)	卒	北河大次郎	（測量研）外国人のみた日本の都市風景ー明治維新前後の江戸を中心に
	卒	山口聡一郎	（測量研）戦災復興事業における美観道路の設計手法
	卒	田邊　顕	（橋梁研）空間秩序からみた住宅地の景観特性
1993 (平5)	卒	一丸義和	河川横断構造物におけるデザイン方法論
	卒	福井恒明	街路景観形成の観点から見た現行法制度の内容
	修	西村　浩	（橋梁研）日本の現代建築に見る伝統的空間構造
	修	平野勝也	ニュータウンにおける繁華街の計画論に関する研究
	修	中井　祐	時間の経過に伴う変化を考慮した素材のデザイン
1994 (平6)	卒	新屋千樹	街並形成から見た駐車場整備制度の課題
	卒	中村勇吾	組積擁壁の構造力学的な形
	卒	星野裕司	自由落下型落水形態の水理学的考察
	修	山口聡一郎	城下町往還の線形と空間特性
1995 (平7)	卒	池田佳介	近世城下町における水路網形成と都市秩序—水路網と街路網の角逐
	卒	池田大樹	援勾配型河川横断構造物の流水表情とデザイン
	卒	市岡隆興	伝統的石積技法の力学的考察
	卒	岡本真和	近世城下町街路の折れ曲がり
	修	福井恒明	商品情報の媒体と表現形式から見た商業地景観の特性
	修	一丸義和	S字橋の構造デザイン
	博	Mary Louise Grossman	都市公共公園と時間—東京の公共公園における発達と変遷の事例
1996 (平8)	卒	片　健一	橋台まわりの型と景観的特性
	卒	西山　穏	言語・絵画表現に見る坂道の景観的特質—東京の坂の名称及び名所表現に着目して
	卒	村田啓治	都市河川と沿川地域の景観的相互関連とその変容—隅田川を事例として
	卒	阿部貴弘	江戸における都市秩序形成—町割の規範と水系設計
	修	新屋千樹	音声情報に着目した商業地街路の性格分析
	修	中村勇吾	階層記述理論に基づく構造物の形態認識に関する研究
	修	星野裕司	平安京葬地の風土論的考察
	博	逢澤正行	落水表情の予測手法とデザインに関する研究
1997 (平9)	卒	小林史幸	流水表情における粗度の影響に関する研究
	卒	田口　浩	Hanging Modelに基づく立体トラスを用いた歩道橋のデザイン

	卒	井奥美千子	日本型の都市景観形成の考え方—東京の下町を題材に
	卒	葛野高文	民間主導のまちづくり—商店街組合の役割
	卒	金井昭彦	飲食店の視覚情報発信メカニズム
	修	池田佳介	近世城下町大坂における都市設計と開発過程
	修	池田大樹	古典コンクリートダムのデザインに関する考察
	修	市岡隆興	地震に対する応答に着目した橋梁の構造デザイン
	修	岡本真和	形態が喚起する安定・不安定感の心理実験による検討
	修	楊　佳寧	川の営みを取り込んだ水辺空間のデザイン
1998 (平10)	卒	永尾慎一郎	特徴表現を用いた橋梁形態の定量的記述に関する研究
	卒	西山健一	張力安定構造を用いた伸張式橋梁のデザイン
	卒	田村隆彦	街並みにおける視覚的発信情報の定量的把握法
	卒	手塚慶太	酒田大火からの復興事業遂行プロセスに関する研究
	卒	仁井田将人	戦国末、江戸初期の城下町設計の系譜
	修	片　健一	構造特性と造形性に着目した反復単位のデザイン論
	修	西山　穏	歴史的河川構造物の動態保存設計—北上川分流施設を事例として
	修	村田啓治	柱状形態が喚起する安定・不安定感の心理学的実験による考喪
	博	石井信行	構造物形態が有する力動性の認知科学的解釈
	博	小野田滋	（鉄道総研）わが国における鉄道用煉瓦構造物の技術史的研究
1999 (平11)	卒	菊池優子	（河川研）河川改修に伴う景観構成要素の変化に関する研究
	卒	堀川太郎	流水音の音響特性
	卒	江上雅彦	城下町桑名の微地形復原と設計論理の解明
	卒	中嶋義全	戦後期における橋梁の設計思想
	卒	藤井夕貴子	江戸繁華街における回遊行動
	卒	曽根　貢	抽出指標を用いた“District”の密度分析
	卒	吉田昌平	屋外広告物の発生メカニズム
	卒	崎谷浩一郎	（北海道大学）水理学的知見に基づく北大苫小牧演習林の水景の分類・分析
	修	阿部貴弘	ヴアナキュラー環境の評価に表れた歴史的環境保全思想
	修	井奥美千子	住宅地における夜間歩行者の安心感に関する実験的考察
	修	葛野高文	ローリングゲートを用いた堰・発電用ダムの設計史
	修	金井昭彦	19 世紀から 20 せ紀前半の日本と欧米における駅建築空間の比較—駅本屋とトレインシェッドとの関係に注目して

	修	野原文晃	駅前再開発における最終計画案と現状空間の比較分析—亀有・北小金を事例として
	修	Damien Roux	Elements for a Semiotic of Tile Flooring
2000 (平12)	卒	及川　潤	鉄道駅と都市の形成—中央線を題材として
	卒	須田良規	江戸・明治期の東京の市場に関する研究
	卒	宮本裕太	繁華街の光計画—銀座と日本橋の対比
	卒	吉谷　崇	街並みメッセージ論に基づく戸建住宅のメッセージ分析
	修	田村隆彦	地方都市における景観形成と変遷—静岡県掛川市を題材に
	修	手塚慶太	首都圏の飛行場史
	修	永尾慎一郎	19 世紀から 20 世紀前半のヨーロッパにおける駅建築空間の変遷
	修	仁井田将人	洛中洛外図を用いた近世京都の街並み分析
	修	西山健一	建築物ファサードのメッセージ発信構造—商業建築を例に
	修	Le Quang Nam Jerome	戸外の宣伝看板の記号学的な分析
	博	平野勝也	街並メッセージとその商業地街路への適用
	博	関口佳司	（西武建設）地下街路景観の分類と評価に関する研究
	博	大山　勲	（山梨大学）伝統的農村集落における道空間の形態と形成要因に関する研究ー甲府盆地の平坦地に立地する集居農村集落を対象として
	博	深水義之	（拓殖大学）図形認知モデルの構築と橋梁への応用に関する基礎的研究
2001 (平13)	卒	阿部真人	徴地形の復元による城下町高知のインフラ設計原理
	卒	熊野史朗	道の格づけからみた駅前全蓋式アーケード街
	卒	白熊良平	歴史的土木構造物に対する介入概念と保存手法—堰を題材にして
	卒	花崎直太	街並履歴の時空間表現ー建物の築年数とテナントの存続年数に着目して
	卒	山内雅也	橋梁エンジニア樺島正義研究
	修	有賀圭司	近代東京の物流網の形成—明治大正期を対象として
	修	田中宏幸	CVM による景観デザイン価値評価の有効性
	修	久富文彰	ステーションホテルの成立と展開—日本とイギリスの比較
	修	日高直俊	首都圏における飛行場と都市計画
	修	菊池優子	商店街の「人情味」に関する考察—歩行と対話に着目して
	修	崎谷浩一郎	曲線斜め堰の設計原理

	修	Hudakorn Ongart	バンコクの商業地街路における屋台の活動特性
	博	王　新宇	河川空間の自然度と景観評価構造及びレクリエーション活動に関する研究
2002 (平14)	卒	大塚剛司	敷地の使用年数に着目した都市の時空間表現ー金沢市を題材に
	卒	笠間　聡	土地利用形態の変遷からみた新庄市中心商店街の衰退過程
	卒	辻　正邦	橋梁エンジニア田中豊研究
	卒	土橋　悟	氾濫原における農村集落の立地メカニズム
	卒	貴志法晃	博多における屋台の利用形態
	卒	杉本将基	住民の生活行動からみた対馬・厳原町の中心市街地の利用実態
	修	青野祥治	折下吉延の公園緑地設計思想ー帝都復興事業を中心として
	修	新堀大祐	日本における橋梁デザインシステム
	修	高尾忠志	住宅接道部のしつらえに着目した建築協定制度と地区計画制度の比較
2003 (平15)	卒	安仁屋宗太	（橋梁研）新交通システムの構造計画・設計における問題点の抽出―性能設計に向けて
	卒	尾崎　信	癒しの風景に関する基礎的考察ー癒し系ビデオの映像分析
	卒	渡辺　宗	メッセージ発信装置としての大型映像ビジョン
	卒	安藤拓也	雨の見え方に関する研究
	卒	岩間祐一	飲食店における内部活動の露出形式と賑わい感に関する研究
	卒	竹下直樹	基礎形状と地盤との関連性から見た帝都復興街路橋の形式選定
	修	浅川　匡	木材の材料特性に着目した木橋デザイン
	修	篠田明恵	江戸城下町における神社の配置とその原理
	修	嶋津香織	江戸町人地における屋敷割の設計原理
	博	中井　祐	樺島正義・太田圓三・田中豊の仕事と橋梁設計思想ー日本における橋梁設計の近代化とその特質
	博	川崎寧史	画像処理を利用した都市の展望景観の遠近に関する研究
2004 (平16)	卒	中村公紀	店舗の機能・情報発信構造から見た商業地街路のイメージ形成ーカフェ・喫茶店に着目して
	卒	宮元大輔	外国人から見た日本の風景ー幕末・明治初期の江戸を対象として
	卒	真角広樹	日本における超高層ビルの成立と展開
	卒	福島秀哉	帝都復興橋梁の形式選定原理
	修	天満知生	橋梁エンジニア増田淳の作品とその特徴

	修	石原良浩	江戸町人地における町並み規制とその運用形態に関する研究
	修	太田喜美恵	近代墓地と都市計画の関係ー明治期を対象として
	修	長見　綾	街並の歴史的イメージ形成と都市構成要素の分布に関する研究
	修	伊藤仁志	エンジニア・アーキテクト阿部美樹志の仕事とその特質
	修	大西　悟	持続可能性に関する議論の歴史的展開
	修	Vo Trong Nghia	伝統的町家の屋根形状と風環境の関係に関する研究ーベトナム・ホイアンを対象として
	修	杉本将基	国立屋内競技場主体育館の設計及び施工過程における長大橋梁技術の適用と展開
	博	重山陽一郎	建築デザイン教育に学ぶ景観デザイン教育のありかた
	博	Hudakorn Ongart	ラーマ5世治下（1868-1910）におけるバンコクの交通・運輸計画とその展開　Transportion Planning and Deveropment of Bankok City during King Rama V rain 1868-1910 A.D.
2005 (平17)	卒	香川周平	東京モノレール羽田線の建設経緯
	卒	長田喜晃	地域色の発現要因に関する考察ー石州瓦を例として
	卒	田中　毅	都市空間の構造の把握に関する基礎的考察ー案内図を題材にして
	修	篠塚伸一	来朝西洋人が見た幕末・明治期の日本都市風景ー大坂／大阪と京都を対象として
	修	安仁屋宗太	河川整備事業が沿川住民の活動にもたらす効果ー浦安・境川をケーススタディとして
	修	尾崎　信	人間関係・場の相互形成発現モデルー下町商店街を対象地として
	修	重松　健	大規模都市再開発における体制づくりとその戦略
	修	末松慎介	Fritz Leonhardt の構造デザイン思想ードイツにおける構造エンジニアの姿
	修	萩原麻衣子	グレイン論に基づく街並みの歴史的イメージに関する研究―角地・突き当たり・連坦に着目して
	修	渡辺　宗	東京国際空港のアクセス史
	博	福井恒明	グレイン論に基づく都市の地区イメージ形成に関する研究―歴史的街並みを中心として
	博	白井芳樹	（オオバ）昭和初期の富山都市圏における土木事業と三人の土木技師
	博	星野裕司	状況景観モデルの構築に関する研究ー明治期沿岸要塞の分析に基づいて
2006 (平18)	卒	久保田幸依	美瑛の丘の風景の成立メカニズムに関する研究

卒	関野らん	メディアによる時間・空間感覚の変化に関する研究ーコミュニケーション媒体に着目して
卒	田中秀岳	グレイン論に基づく下町イメージの分析
卒	濱元　優	近代街路におけるプロムナードの成立と展開に関する研究
卒	山下雅士	地域の素材色の文化的価値獲得プロセスに関する研究ー石州瓦を例に
卒	後藤　祐樹	景観整備事業に関する総合的事後評価手法の研究ー津和野川をケーススタディに
修	貴志法晃	大学生の公共空間における公私感覚に関する考察—他者の視線に着目して
修	友寄　篤	江戸から明治初期における天下祭の変遷にみるコミュニティと都市空間
修	小野田祐一	インフラ整備による都市空間の変遷に関する研究ーインフラの種類と計画設計論理の違いに着目して
修	近藤真由子	都市計画からみた事業型墓地の課題とコントロール手法
修	中村公紀	Peter Rice の設計思想
修	福島秀哉	日韓併合期の朝鮮における日本人土木技術者の仕事とその組織ー朝鮮総督府組織体系の変遷と慶尚南道の道路橋建設事業
修	宮元大輔	都市における移動経路の同定と空間情報に関する考察ー渋谷・新宿の案内地図を分析対象として
修	服部正隆	高山英華の仕事と都市計画思想
修	木本泰二郎	沿岸斜面地集落の構成原理に関する研究ー香川県高松市男木島を事例として
修	崔　静妍	朝鮮総督府における韓国人土木技術者の仕事に関する研究
博	阿部貴弘	近世城下町大坂、江戸の町人地における城下町設計の論理

8. 京都大学土木工学科［中村良夫・樋口忠彦］
中村良夫研究室・論文リスト

提出年月	区別	執筆者名	論文名
1999 (平11)	卒	萩下敬雄	景観認識における意識の連関と生成に関する基礎的研究
	卒	河端邦彦	都市空間における遣水型水路網に関する研究
	卒	篠塚伸一	山裾型敷地構成に関する景観的研究
2000 (平12)	卒	山口一人	山裾型敷地の地形論的占地特性に関する研究
	卒	辰巳聡一	敷地構成論から見た緑地の序列性に関する研究
	卒	小野博之	海浜保全における景観設計に関する基礎的研究
2001 (平13)	卒	永末卓司	地形文脈における敷地マネジメントに関する研究

	卒	浪岡安則	微地形構造から見た敷地の占地環境に関する研究
	卒	橋本耕作	人工法面における植生の役割に関する基礎的研究
	修	河端邦彦	山水文脈に対する敷地の構え方に関する研究
	修	萩下敬雄	橋梁アーキテクチュアの発想と方法に関する基礎的研究
2002 (平14)	卒	金重遼平	山裾型敷地の占地環境と微地形利用に関する研究
	卒	嶋田祐士	橋梁アーキテクチュアの発想と方法に関する研究
	修	山口一人	コミュニティ志向型まちづくりの構造に関する研究
	修	小野博之	微地形の視覚特性から見た海岸景観に関する研究
	修	木原　繭	法面形状の最適化と景観評価に関する研究
	博	山田圭二郎	地形文脈における敷地マネジメントに関する景観論的研究
2003 (平15)	修	永末卓司	山裾型敷地における空間認識のハイパーテキスト性に関する研究
	修	岸本貴博	構造デザイン論理に基づく橋梁アーキテクチュアに関する研究

樋口忠彦研究室・論文リスト

提出年月	区別	執筆者名	論文名
2003 (平15)	博	出村嘉史	京都東山山辺における近代以降の景観変容に関する研究
2004 (平16)	卒	玄田悠大	御池通沿道の利用形態にみる景観の変遷に関する研究
	卒	藤原　剛	京都の庭園・園池の水源と水みちに関する研究
	卒	真嶋一博	京都の山辺における近代の景域形成に関する研究—禅林寺・若王子神社を対象として
	修	嶋田裕士	南禅寺及びその周辺における景域の変容に関する研究
	修	前田淳仁	京都における室内からの風景の見せ方に関する研究
2005 (平17)	卒	大住由布子	遊興空間としての参詣道に関する研究—江戸後期の円山・祇園・下河原・八坂・清水地域を対象として
	卒	松下倫子	京都の市街地における水に関わる産業及び名水の変遷に関する研究
	卒	平田佳彦	駅の分かりやすさに関する研究
	卒	水谷壮志	京都の庭園における山の眺望に関する研究
	卒	水谷　肇	近代の嵐山・嵯峨野における観光経路の変遷に関する研究
	修	松本信哉	近代下河原・八坂・清水における門前町の展開プロセスに関する研究
2006 (平18)	卒	増田　剛	近江八幡水郷地域の景観分析
	卒	水野　萌	近代における木屋町通の景域形成とその発展

	卒	八木弘毅	東福寺境内における景観体験に関する研究―来訪者の視点から
	修	荒川　愛	京都禅宗寺院における十境と景域に関する研究
	修	飯田哲徳	近江八幡の水郷風景の特性に関する研究
	修	馬田宣雄	清水・八坂・下河原・円山に於ける眺望と休息空間に関する研究
	修	玄田悠大	京都における店構えの変遷に関する研究
	修	山口敬太	近世以降の嵯峨野における名所の景色の持続性に関する研究
2007 (平19)	卒	大島充功	天龍寺周辺における山容景観の特性に関する研究
	卒	神邊和貴子	鴨川・高瀬川河畔における料亭・旅館の空間構成に関する研究
	卒	北野琢人	修学院離宮上御茶屋の敷地選定についての景観的考察
	卒	西本慎太郎	詩仙堂の景観特性についての研究
	修	大住由布子	遊興空間から捉える近世後期の八坂～清水景域の構造―『花洛名勝図会』の読みとりを中心として
	修	藤原　剛	京都における水みちの共用と文化的景観の形成に関する研究―堀川・今出川流域を対象として
	修	松下倫子	水系を踏まえた上賀茂の水辺景観に関する研究
	修	水谷壮志	透視形態からみた京都・東山三十六峰の景観特性に関する研究
	修	水谷　肇	紅葉の名所の景観特性に関する研究―三尾（高雄・栂ノ尾・槙ノ尾）を対象として
	博	神山　藍	景観資産としての山容景観評価方法に関する基礎的研究
	博	Carlos Zeballos	Evaluation of The Characteristics of Urban Landscape Development in AREQUIPA from 1868 to 1940

（注）記載に漏れや誤記があるかもしれません。ご容赦ください。

ピカソを超える者は
—評伝　鈴木忠義と景観工学の誕生—　　定価はカバーに表示してあります.

2008年 9月20日 1版1刷発行　　ISBN 978-4-7655-1740-9 C3050

著者　素山・篠原　修
発行者　長　滋彦
発行所　技報堂出版株式会社
〒101-0051　東京都千代田区神田神保町 1-2-5
(和栗ハトヤビル)
電話　営業　(03)(5217) 0885
　　　編集　(03)(5217) 0881
FAX　(03)(5217) 0886
振替口座　00140-4-10
http://gihodobooks.jp/

日本書籍出版協会会員
自然科学書協会会員
工学書協会会員
土木・建築書協会会員

Printed in Japan

装幀　芳賀正晴　印刷・製本　シナノ